Konflikte lösen

Praktische Tipps für erfolgreiches Konfliktmanagement

Kirstin Nickelsen

Inhalt

Ohne Konflikte geht es nicht

Büchern und Filmen geben sie das gewisse Etwas, im Leben sind Konflikte eher die Episoden, die man nur zu gerne übersehen möchte: Zu oft gab es kein Happy End, endete ein Lebensabschnitt in einem Desaster und aus einem harmlosen Missverständnis mit der früheren Kollegin wurden Jahre ohne jeglichen Kontakt. Unvergessen der „schlechte Film", in dem man mit dem ehemaligen Arbeitgeber vor Gericht landete, und traurig der Streit mit dem Geschäftspartner, der in einen monatelangen Machtkampf ausartete und dazu führte, dass das gemeinsame Projekt den Bach runterging.

Es wundert daher nur wenig, dass Konflikte nicht besonders beliebt sind. Sie kosten Energie, Ressourcen, Zeit und besonders Nerven. Konflikte sind unangenehme Situationen und mit Anstrengungen verbunden, die man sich gerne ersparen möchte. „Reibung erzeugt Wärme" scheint ein schöner Satz zu sein, doch unter der entstandenen Hitze leiden beide Parteien eher.

Bei einem etwas genaueren und anderen Blick auf Konflikte dauert es meistens jedoch nicht lange, bis man erkennt, dass das Problem unter gewissen Bedingungen oft nur halb so schlimm ist und die Eskalation vermieden werden kann. Und bevor man sich das nächste Mal über den Kollegen beschwert, der sich wieder einmal schwertut zu sagen, was er wirklich meint, kann man vielleicht an der eigenen Kommunikation arbeiten.

Genau hier fängt es für einige Menschen an, spannend zu werden, während die anderen weiterhin nach Tricks und Manipulationsmöglichkeiten suchen. Letzteres werden Sie auf den folgenden Seiten nicht finden. Für einen guten Streit braucht es keine Taktik, keine Spiele, keine Intrigen und keine Drohungen. Guter Streit ist ein Weg, um unterschiedliche Interessen auf eine gemeinsame Basis zu bringen, gemeinsame Ziele trotz verschiedener Herangehensweisen zu realisieren und eigene Ideen mit denen der Kollegen zu verbinden.

Ein guter Streit ist wie ein Reifenwechsel: lästig und sinnvoll

Es gibt nur wenige Situationen, in denen man zeigen und leben kann, welche Werte und Ziele man hat und wofür man einsteht – ein guter Streit ist eine dieser Situationen. „Ein Konflikt ist eine Chance" ist eben keine Floskel, sondern die andere Seite der Medaille. Es sind Momente, in denen wir oft unser „wahres Gesicht" zeigen, ungefiltert, ohne Rücksicht, in denen wir verständlich machen können, was uns wichtig ist, welche Grenzen überschritten wurden, wofür wir einstehen. Es sind perfekte Möglichkeiten, um Position für eine Sache zu beziehen, Werte mitzuteilen und über Motive zu reden. Doch all diese positiven Aspekte kommen nur wenigen Menschen in den Sinn, wenn sie an Streit oder Konflikte denken. Ganz abgesehen davon, dass man während eines guten Streits plötzlich versteht, wie der Kollege über die gemeinsame Arbeit denkt oder warum der Vorgesetzte ständig die Arbeit seiner Mitarbeiter kontrolliert. Im besten Fall findet man in einem guten Streit verbindende Parallelen in Form von Verständnis für den Arbeitskollegen oder eine gemeinsame Basis mit dem Vorgesetzten, um weiterhin miteinander zu arbeiten.

Streit kann lästig und sinnvoll sein. Lästig, weil man vielleicht der Kollegin dreißigmal erklären muss, warum die Akten an einem bestimmten Ort zu stehen haben. Sinnvoll, weil man auf einmal versteht, dass die Kollegin mehrere Abteilungen betreut und mit den unterschiedlichen Ablagesystemen durcheinanderkommt. Vielleicht ist jetzt der Zeitpunkt, sich innerhalb der Firma darauf zu einigen, ein anderes und übersichtlicheres System zu nutzen.

Selbstverständlich ist so eine Situation eher banal, aber genau so fangen die meisten Konflikte an: mit Nebensächlichkeiten, kleinen Missverständnissen, immer wieder denselben Fragen und den zum zwölften Mal gegebenen Antworten. Ein Kreislauf, der keinen Ausstieg zu haben scheint.

> Richtig zu streiten ist keine Frage der Technik, sondern eine der eigenen Einstellung – und die kann man wählen. **!**

Ganz gleich, was man bisher im Leben in Konfliktsituationen erfahren hat und welche Glaubenssätze einen seitdem verfolgen. Gerade diese Glaubenssätze machen es einem oft unnötig schwer: Das sind Sätze, die man nach Streiterfahrungen immer wieder denkt und selten hinterfragt, wie zum Beispiel:

▸ „Kaum sage ich offen meine Meinung, erfahre ich Ablehnung."

▸ „Wenn ich Kritik an meinem Kollegen äußere, wird die
  Zusammenarbeit noch anstrengender."

▸ „Wenn ich mich mit meinem Vorgesetzten streite, ziehe
  ich immer den Kürzeren."

▸ „Andere sagen über mich, ich kann nicht richtig streiten."

▸ „*Eigentlich* ist mir das Thema gar nicht wichtig."

▸ „Streiten ist doch sinnlos, es führt nie zu einem Ergebnis."

▸ „Vieles ist mir gar nicht so wichtig."

Ein Konflikt verliert oft schnell die mit ihm verbundenen
– meist ausschließlich negativen – Eigenschaften und seine negative Macht und wandelt sich in eine Situation, die
spannend und herausfordernd sein kann, wenn man sich
diesem Thema ehrlich nähert. Nicht auf technischem oder
manipulativem Wege, sondern auf dem einzigen Weg,
den jeder selbst ändern und beeinflussen kann: den Weg
zu sich selbst.

Die eigene Kommunikation, das eigene Denken und Handeln sind in Konflikten die Seiten, von denen viele glauben, sie bereits zu kennen und zu beherrschen. Doch in
zahlreichen Situationen überrascht oder wundert man sich
über das eigene Verhalten – nicht nur im positiven Sinne.
Manche ziehen sich zurück, intrigieren, bilden Allianzen
mit Kollegen und verbünden sich gegen die eine oder
andere Abteilung. Was andere machen, kann man selbst
natürlich auch und hat oft jedoch die besseren Gründe
für das eigene Verhalten, so glauben viele zumindest. Am

Ende wundert es dann nicht, wenn Ausrufe wie „Das ist doch wirklich ein Kindergarten hier!" oder „Was für ein Zickenkrieg!" im Büro fast täglich durch die Gänge hallen, „Opfer" und „Täter" schon längst nicht mehr nur mit Kriminalfilmen in Verbindung gebracht werden und „Katz und Maus" ein beliebtes Spiel unter Kollegen zu sein scheint.

Aber es sind doch meistens die anderen, die nicht richtig reden oder handeln, man selbst reagiert vielleicht nicht immer angemessen, aber wie denn auch, wenn die anderen nicht richtig reden? Die anderen sind die Auslöser, die Miesmacher, die jedes Wort auf die Goldwaage legen, die überreagieren, gar nicht handeln, wirres, unverständliches Zeug reden und sich in einer Diskussion nicht klar positionieren.

Mag sein, dass das so ist, doch anderen nun auch noch die Macht über das eigene Konfliktverhalten zu geben, ist leicht, aber lediglich sinnvoll, wenn es um ein kurzes Abreagieren geht. Langfristig gibt es nur eine Chance, um Konflikten nicht nur etwas Positives abzugewinnen, sondern sie auch konstruktiv zu nutzen: das eigene Verhalten in schwierigen Situationen zu prüfen, zu hinterfragen und zu ändern.

! Dieser Weg bedeutet nicht, dass es in Zukunft nur noch optimale Streitsituationen gibt, denn zu denen gehören bekanntlich meistens mehr als eine Person – dieser Weg bedeutet aber, dass eine gute Basis gelegt wird, damit das Potenzial, das dieser herausfordernde Zustand namens „Konflikt" birgt, genutzt werden kann.

Für die Basis ist jeder Mensch selbst verantwortlich, jeden Tag, in jeder schwierigen Situation und besonders wenn der Kollege mal wieder etwas nicht verstanden und die Geschäftspartnerin erneut die Unterlagen bei einem Termin vergessen hat.

Andere Menschen kann man nicht ändern, mit den richtigen Worten schafft man es jedoch immer öfter,

▸ um Verständnis für die eigenen Werte, Ziele und Visionen zu werben,

▸ sich Gehör zu verschaffen, ohne Drohungen aussprechen zu müssen, und

▸ verständlich zu machen, welche Bedürfnisse man hat.

All dies ist in Konfliktsituationen enorm wichtig und kann helfen, eine Klärung herbeizuführen. Entscheidend ist oft die eigene Einstellung: zum Thema Konflikt allgemein und zum Streit mit Kollegen oder Vorgesetzten im Besonderen:

▸ Was macht einen Konflikt so schwierig?

▸ Warum will man sich nicht streiten?

Dialoge sind nicht immer leicht, in Konfliktsituationen oft schwer, lästig – aber sehr sinnvoll. In diesem Buch erhalten Sie Tipps, Anregungen und bewährte Regeln, wie Sie sich zukünftig in Konfliktsituationen verhalten können. Vielleicht ganz anders als bisher und ungewohnt dazu. Sehen Sie es als Angebot, das Ihnen serviert wird und entscheiden Sie selbst, was Ihnen liegt und was Sie gerne ausprobieren möchten.

Machen Sie sich auf eine Reise, auf der Sie nie wirklich ankommen werden: Alle Konfliktsituationen sind speziell, mit Menschen, die nicht immer so reagieren, wie man sich das wünscht, mit Kollegen, die gerade nicht besser agieren können, mit den eigenen Fallen, die man sich trotz allen Wissens immer wieder stellt. Die Reise kann jedoch gut vorbereitet werden, sodass man zumindest die großen Gefahren umschiffen, die Lage bestimmen und das Ziel unter Umständen neu definieren kann.

Bevor die Reise angetreten werden kann, gibt es viel zu überdenken, den Start macht die eigene Einstellung zum Thema Konflikte. Um eine positivere Sicht auf Konflikte entwickeln zu können, macht es Sinn, sich die – bisher negative – Konfliktmedaille von der anderen Seite anzusehen und mit einer Definition anzufangen:

Wie definiert man einen Konflikt?

Die Definition ist schwieriger, als einige Konflikte es je sein können. Das Wort selbst stammt von lat. conflictus ab und bedeutet so viel wie „das Aneinanderschlagen, der Zusammenstoß".

Umgangssprachlich bedeutet „Konflikt", wenn es zwischen mindestens zwei Beteiligten zu zunächst nicht zu klärenden Problemen kommt.

Konflikte gibt es immer wieder. Man kann nicht mit allen Menschen grundsätzlich einer Meinung sein, dieselben Werte teilen und gemeinsame Zielvorstellungen haben. Konflikte gehören zum Leben und daher ist es gut, sich mit ihnen zu beschäftigen, das eigene Verhalten zu hinterfragen und in kleinen Schritten zu verbessern. Es ist fast unerheblich, wie ein Konflikt definiert wird, solange eine der betroffenen Personen glaubt, einen Konflikt zu haben.

Im Berufsalltag scheinen mindestens ein bis zwei der folgenden Komponenten aufeinanderzutreffen, oft auch mehrere:

▸ Zwei oder mehr Personen haben kein gemeinsames Ziel bzw. es wurde nicht definiert.

▸ Die Herangehensweise der Beteiligten an ein Problem, ein Projekt oder eine Aufgabe ist unterschiedlich und findet bei einem anderen keine Akzeptanz.

▸ Die Personen stehen in einer gewissen Abhängigkeit zueinander.

▸ Den Beteiligten bleibt nicht genügend Zeit, um den Konflikt zu lösen.

▸ Es kommen Gefühle, wie z. B. Wut und Hass, aber auch negative Glaubenssätze ins Spiel.

▸ Unterschiedliche Werte und Erfahrungen der Beteiligten blockieren einander.

Eine konstruktive Konfliktlösung zeichnet sich u. a. dadurch aus, dass

▸ es nicht zum Zerwürfnis kommen muss,

▸ sehr wohl aber vielleicht die eine oder andere Trennung notwendig wird und

▸ unfaire Mittel gar nicht erst eingesetzt werden, weil man dies nicht will.

Kommunikationsregeln für Streitsituationen bieten die Möglichkeit der Orientierung, sie umzusetzen ist nicht immer leicht. Dafür gibt es unterschiedliche Gründe:

▸ Menschen in Konfliktsituationen neigen zu Emotionalität, was besonders im Berufsleben nicht nur von Vorteil ist, aber:

> **Ein Konflikt ist immer mit Emotionen verbunden.** !

▸ Konflikt und Emotionen gehören zusammen, lediglich der Umgang mit ihnen entscheidet darüber, ob sie dem Streitweg nutzen oder schaden. Konflikt und Emotionen sind ein nicht zu trennendes Paar – das kann gar nicht genug betont werden (mehr dazu in einem der nächsten Kapitel).

▸ Eine Partei ist der Meinung, ausreichend zur Konfliktlösung beigetragen zu haben und dass nun die Gegenseite mit Vorschlägen oder Taten am Zug ist.

▶ Die eine Partei vertraut der anderen nicht. Deshalb will sie sich nicht angreifbar machen oder hat Angst vor unangenehmen Folgen des Konflikts.

▶ Man nutzt Regeln als Technik und hat verstanden, dass dies nicht zum Erfolg führt.

Oft lernen wir bereits in frühen Jahren, uns nicht zu streiten. Streit nervt das Umfeld, früher die Eltern, heute harmoniesüchtige Kollegen oder Vorgesetzte, die keine andere Meinung gelten lassen und es vermutlich selbst nie gelernt haben, mit Konflikten konstruktiv umzugehen.

Die persönliche Definition eines Konflikts ist wichtig, um sich selbst und das eigene Verhalten besser zu verstehen. Streit verbinden viele Menschen mit Mangel an Professionalität oder sozialer Kompetenz – und so wird unbewusst oft alles getan, um nicht zu streiten: Die Beteiligten unterdrücken den Konflikt, versuchen, ihn zu ignorieren, gehen Menschen aus dem Weg – was im Büroalltag nicht nur Energie kostet, sondern zu noch größeren Schwierigkeiten im Miteinander führen kann.

Der Konflikt zeigt sich von all diesen Mechanismen unbeeindruckt und bricht in Momenten hervor, in denen man ihn nicht erwartet hat. Einem Konflikt kann man auf Dauer nicht ausweichen, man hat aber die Wahl, wann und wie man ihn nutzt.

Übung: „Konflikt" definieren

Halten Sie kurz inne und überlegen: Was bedeutet für Sie „Konflikt"? Woran erkennen Sie, dass er vorhanden ist?

Die persönliche Definition eines Konflikts ist die erste von mehreren Leitplanken, die Sie sich im Laufe der nächsten Kapitel erarbeiten können, um so sicherer auf dem Konfliktpfad zu gehen, der zu den herausforderndsten Kommunikationswegen zählt.

Dabei ist es im ersten Schritt unwichtig, wie Sie „Konflikt" definieren. Hauptsache, Sie werden sich klar darüber, was ein Konflikt für Sie persönlich konkret bedeutet. Richtig oder falsch gibt es hier nicht – ob Ihre Definition mit der des Duden übereinstimmt, ist ebenso unerheblich. Es sind Ihre ganz eigenen Erfahrungen, Ihre persönliche Sicht der Dinge, Ihre Glaubenssätze, mit denen Sie den Weg der Konflikte gehen. Hier werden Sie vermutlich viel mit Ängsten und nicht erfüllten Bedürfnissen, Sorgen und Befürchtungen konfrontiert, die alle dafür verantwortlich sind, dass geschimpft und interpretiert, vermutet und erpresst wird.

Hinter einem Streit liegt oft auch

▸ ein unerfüllter Wunsch,

▸ ein Wert, der nicht gelebt werden kann,

▸ ein Traum, der gerade zerstört wird, oder

▸ eine klar geäußerte Erwartung, die nicht erfüllt wird.

Zu allem Überfluss besteht nicht selten bei allen Personen, die an diesem Konflikt beteiligt sind, ein anderer Hintergrund, was nicht gerade dazu führt, dass die Situation übersichtlicher wird.

Es gilt daher im ersten Schritt immer, das Hauptaugenmerk auf sich selbst zu richten, denn:

Wir können nur uns selbst, nicht aber unsere Mitmenschen verändern.

Im zweiten Schritt sorgt die gewonnene Klarheit über das eigene Verhalten und die eigenen Gefühle dafür, dass wir unserem Gegenüber konzentrierte Aufmerksamkeit und Gehör schenken können, was eine wichtige Voraussetzung für gute Konfliktdialoge ist.

Ein Streit hat viele Facetten, einige sind hässlich, die schönen muss man sich manchmal erarbeiten. Die beiden Fragen, die Sie unten finden, können eine hilfreiche Übung sein, um herauszufinden, wie Sie selbst zum Thema Konflikt und Streit stehen.

Am besten notieren Sie sich die Antworten – nicht nur, um sie später nachlesen zu können, sondern auch um zu sehen, wie sich Ihr Verhalten und Ihre Einstellung ändern. Im besten Fall wird es Ihnen Spaß machen, wenn Sie demnächst schreiben:

„Heute aktiv auf Herrn Meyer zugegangen. Anfangs hatte ich den Eindruck, dass er mich nicht versteht. Am Ende fanden wir zwar noch keine Lösung, aber er bedankte sich bei mir für das tolle Gespräch."

1. Wie streite ich?

Beobachten Sie sich selbst aus der Distanz und schauen Sie sich zu, wie Sie in einer Konfliktsituation handeln und reden. Beschreiben Sie die Situation nur, bitte nicht bewerten!

Wie streite ich? – Beispiele

– In Konfliktsituationen reagiere ich schnell aufbrausend und muss mich kontrollieren.

– Ich verlasse sofort den Raum, wenn ich merke, dass es unangenehm für mich wird.

– Ich schweige, weil es nichts zu sagen gibt.

– Ich sage direkt meine Meinung, weiß, was ich will, und kann dies gut äußern.

2. Warum streite ich?

Was ist Ihnen wichtig, wofür setzen Sie sich ein, was bringt Sie „auf die Palme"?

Warum streite ich? – Beispiele

– Ich streite, wenn Kollegen mir erzählen wollen, wie ich meine Arbeit zu tun habe.

– Ich streite, weil ich es nicht mag, wenn ich angegriffen werde.

– Ich streite nicht, ich will Frieden.

– Ich streite, weil ich keine Angst habe, meine Meinung zu sagen.

Wann ist ein Konflikt gelöst?

So schwierig die Definition, so leicht auf den ersten Blick die Lösung der Situation: Wenn alle Beteiligten am Ende zufrieden sind und zustimmen, dass der Konflikt nicht mehr vorhanden ist, hat man ein echtes „Happy End". Manchmal kommt es vor, dass man selbst den Konflikt als erledigt ansieht, der andere aber immer noch ein Problem hat, was Sie zum Beispiel daran merken werden, dass die Person dieselben Themen immer und immer wieder anspricht. In diesem Fall können Sie unterstützend nachfragen,

▸ welche Bedingungen für die Person erfüllt sein sollten, damit das Thema für sie geklärt ist,

▸ ob Sie etwas dazu beitragen können, wenn ja, entscheiden Sie für sich, ob Sie dieser Bitte nachkommen wollen.

Die Lösung eines Konflikts kann auch sein, dass es – zumindest momentan – keine Lösung gibt. Dies wird eine Arbeitsbeziehung weder belasten noch beeinflussen, wenn sie ansonsten auf gesunden Beinen steht.

Wenn die Beteiligten selbst keine Lösung finden, der Konflikt aber trotzdem gelöst werden muss oder soll, kann es hilfreich und entlastend sein, einen (externen) Moderator hinzuzuziehen, der zwischen den Personen vermittelt.

So, wie auch nur Sie sagen können, ob ein Konflikt für Sie vorhanden ist, sind Sie auch die Person, die weiß, wann er – für Sie – gelöst ist. Daher empfiehlt es sich, folgende Frage zu beantworten:

Übung: Wann ist der Konflikt erledigt?

Notieren Sie sich: Woran werde ich merken, dass ein Konflikt gelöst ist?

Je konkreter Sie diese Frage für sich beantworten können, desto klarer können Sie später kommunizieren und agieren, doch Vorsicht, der Teufel liegt manchmal im Detail.

Von der Klarheit zum Klartext

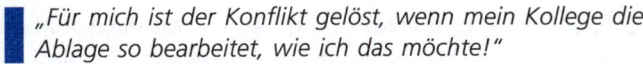

„Für mich ist der Konflikt gelöst, wenn mein Kollege die Ablage so bearbeitet, wie ich das möchte!"

Dieser Wunsch ist legitim, jedoch eine Lösung, die Sie auf dem Weg der Konfliktklärung behindern könnte. Klarheit bedeutet manchmal auch, sich von seinem eigenen Lösungsvorschlag freizumachen, ihn lediglich als eine von mehreren möglichen Optionen zu sehen, nicht aber als den einzig richtigen Weg.

Im ersten Schritt bedeutet Klarheit, sich über das eigene Problem klar zu sein. Es klingt kurios, doch oft beschäftigen wir uns nicht mit dem wirklichen Problem und der Lösung, sondern den Um- und Irrwegen, die uns der Konfliktweg bietet: Vorwürfe, Schuldzuweisungen und falsche Vermutungen sind nur zu verlockend, als dass man nicht auf sie eingehen sollte. Doch wer sich den Konflikten stellen möchte, der beschäftigt sich zunächst mit dem Problem, daher eine weitere Leitplanke:

Benennen Sie Ihr Problem konkret

Um bei dem Beispiel zu bleiben: Ihr Problem ist vermutlich nicht, dass Ihr Kollege die Ablage nicht so bearbeitet, wie Sie es möchten. Das Problem ist wahrscheinlich eher, dass Sie viel Zeit vergeuden, um die Akten zu finden, nach denen Sie suchen. Wichtig ist nun, dass Sie das Problem als gelöst sehen. Nehmen Sie erneut die Frage „Woran merke ich, dass das Problem gelöst ist?", zum Beispiel dann,

▸ wenn ich nicht mehr nach Akten suchen muss oder

▶ wenn ich wieder selbstständig arbeiten kann, ohne ständig nachfragen zu müssen, wo welche Akte steht.

Oft liest man, dass man sich gerade in Konfliktsituationen zu viel auf das Problem und zu wenig auf die Lösung konzentriert. Das ist nur teilweise richtig, denn wird das Problem nicht eindeutig ausgesprochen und definiert, kann keine zufriedenstellende Lösung gefunden werden. Der Klartext gegenüber Kollegen oder Vorgesetzten kann nur gesprochen werden, wenn Klarheit über das Problem herrscht. Somit ist ein weiterer Weg geöffnet, um auch bei dem anderen ein wenig um Verständnis zu werben, denn zwischen diesen beiden Sätzen liegen Welten:

> *„Herr Meyer, ich will, dass Sie die Ablage so organisieren, wie ich Ihnen das gezeigt habe."*

> *„Herr Meyer, ich verbringe sehr viel Arbeitszeit damit, Akten zu suchen, die ich dringend benötige, und fühle mich unselbstständig, wenn ich Sie immer um Hilfe bitten muss. Zwei Möglichkeiten, um das Problem zu lösen, sind mir bereits eingefallen – darüber möchte ich mit Ihnen sprechen."*

Ist es nicht furchtbar, wenn Menschen anderen Vorschriften machen, wie sie ihre Arbeit zu tun haben? Doch das Verständnis ist oft schnell geweckt, wenn man hört, dass man um Hilfe in einer Situation gebeten wird.

Keine Konflikte haben, ein lohnendes Ziel?

Viele Menschen, die Streit nicht mögen, beantworten diese Frage zunächst mit einem klaren „Ja". Doch was hieße das im täglichen Leben? Man würde ausschließlich mit Menschen arbeiten, die die gleichen Visionen und Herangehensweisen haben, auf den gleichen Erfahrungen aufbauen, dieselben Glaubenssätze haben und stets mit uns auf einer „Wellenlänge" sind.

Selbst wenn man im Privatleben das Glück (wäre es das?) hat, diese Menschen an seiner Seite zu haben, weiß man, dass auch hier das Miteinander nicht immer nur leicht ist. Wieso sollte es im Berufsleben so sein, dort, wo man sich die Kollegen und Vorgesetzten nicht aussuchen kann, gleichzeitig miteinander aber mehr Zeit verbringt als mit der Familie? Ein Produkt oder eine Idee kann sich doch nur entwickeln, wenn unterschiedliche Menschen ganz und gar unterschiedliche Meinungen haben, diese mitteilen und weiterentwickeln. Das ist doch eine tolle Situation und eben auch eine, in der Konflikte fast vorprogrammiert sind.

Konflikte und Streit werden oft als „Störung" empfunden. Obwohl sie uns so oft im Leben begegnen und man „eigentlich" weiß, dass sie nicht zu verhindern sind, schafft man es nicht, sie als etwas „Normales", als ein zum Leben gehörendes Element, zu betrachten.

Wichtig ist daher, die eigene Einstellung zu diesem Thema zu betrachten und unter Umständen anzupassen.

Übung: Assoziationen zu Konflikt und Streit

Notieren Sie sich: Wie fühlen Sie sich während eines Streits? Wie ist Ihre Erfahrung mit diesem Thema allgemein und welche Erfahrung haben Sie dabei immer wieder gemacht?

Die persönliche Einstellung beruht auf den gemachten Erfahrungen. Sind diese negativ, wird die Einstellung keine positive sein. Keine Konflikte zu haben ist dann lohnenswert, wenn man ausschließlich Negatives mit ihnen verbindet.

Erleben Sie Streitsituationen jedoch als

▸ einen Motor der positiven Veränderung,

▸ eine Möglichkeit der (persönlichen) Entwicklung oder zum Beispiel

▸ lohnenswert, weil sie anschließend andere Menschen sehr viel besser verstehen,

können Sie vermutlich sagen, dass es erstrebenswert ist, keine schlechten Streitsituationen zu haben, und dass Sie eine gute Konfliktkultur sehr zu schätzen wissen.

Konflikte sind normal. Ist das so?

Vielleicht kennen Sie die Aussage: „Konflikte sind völlig normal." Doch nur, weil etwas „normal" ist, müssen wir es nicht mögen. Vielleicht lieben Sie den Sommer und hassen den Winter? Den Jahreszeiten ist es egal, ob sie gehasst oder geliebt werden, sie kommen und gehen. Was man jedoch tun kann, ist diesen Wechsel zu akzeptieren und sich vorzubereiten: Wechsel der Autoreifen, vielleicht ein Kurzurlaub in wärmeren Gefilden, eine neue Sportart lernen.

Und ebenso ist es mit Konflikten: Es gibt Möglichkeiten, Vorkehrungen zu treffen, wie man in diesen Situationen besser handelt und redet. Es gibt einiges, um sich in diesen Zeiten selbst Gutes zu tun. Aber entfliehen kann man Konflikten nicht. Meistens sind es auch nicht einfach nur die Konflikte, die Magenschmerzen oder schlechte Nächte bereiten, sondern der Grad der Eskalation. Sind folgende Situationen normal?

▸ Dass man sich mit seinem Arbeitskollegen nur noch schriftlich austauscht.

▸ Dass der Vorgesetzte nur noch kritisiert, statt auch zu loben.

▸ Dass die Kooperation mit dem Projektpartner kurz vor dem Aus steht.

Nein, das ist nicht normal. Aber es kann passieren. Nämlich dann, wenn der Konflikt nicht rechtzeitig erkannt wurde oder man nicht bereit war, ihn aktiv zu klären. Ein Konflikt ist normal, die Stufe der Eskalation entscheidet jedoch, wie man miteinander umgeht. Ein Konflikt hat die wunderbare Eigenschaft, sich langsam anzubahnen, Sie kennen vielleicht diese Zeichen:

▸ Vom mündlichen in den schriftlichen Dialog: Der Kollege sitzt nur einen Raum weiter, früher ist man schnell in das andere Zimmer gegangen, heute wird alles per E-Mail geklärt.

▸ Rückzug: Die Kollegin, mit der man bis vor einigen Tagen jede Mittagspause gemeinsam verbracht hat, zieht sich zurück und geht alleine in die Kantine.

▸ Emotionen: Der Kollege reagiert außerordentlich heftig und sehr emotional, wenn man mit ihm Projektdetails klären möchte.

Alle oben genannten Zeichen können auf einen Konflikt deuten, müssen aber nicht, denn wer sagt nicht, dass es so ist:

▸ Ihr Kollege glaubt, Sie (!) hätten ein Problem. Er beantwortet daher einfach nur Ihre E-Mails und wundert sich, warum Sie nur noch schreiben. Er traut sich aber nicht, Sie anzusprechen.

▸ Die Kollegin hat private Probleme und nutzt die Mittagspause momentan lieber, um ihren Gedanken freien Lauf zu lassen, möchte aber nicht reden.

▸ Der Kollege hatte einige Tage zuvor ein Gespräch mit seinem Vorgesetzten, der ihm gegenüber seinen Unmut über schlechte Verkaufszahlen äußert. Der Kollege ist wütend und nutzt den Dialog mit Ihnen als Ventil.

Was für ein Chaos! Und nun?

Wenn Sie erste Anzeichen wahrnehmen und merken, dass sich das Miteinander mit einem Kollegen oder Vorgesetzten negativ verändert, fragen Sie nach!

▸ „Lieber Kollege, ich wundere mich darüber, dass alles, was wir zum Projekt besprechen müssen, nur noch schriftlich ausgetauscht wird. Gibt es denn einen Grund dafür?"

▸ „Liebe Kollegin, wieso gehen wir nicht mehr gemeinsam in die Kantine? Ich vermisse unsere Mittagsgespräche."

▸ „Herr Kollege, mein Eindruck ist, dass Sie wütend reagieren, wenn ich Ihnen Fragen zum Projekt stelle, ist das richtig?"

Ist das nicht zu platt? Sie dürfen selbstverständlich die Sätze umformulieren, sich vorher Notizen machen, was auch immer Sie mögen. Aber platt ist nicht immer dumm. Und das ist es auf keinen Fall, wenn man sein Arbeitsfeld aufmerksam beobachtet und interessiert nachfragt, denn: Sollte der Kollege oder die Kollegin nun doch ein Problem mit Ihnen haben, ist das Gespräch die perfekte Möglichkeit, das Hindernis aus dem Weg zu räumen.

Im besten Fall handelt es sich nur um kleinere Missverständnisse, der „große" Konflikt wäre nur entstanden, hätten Sie **nicht** nachgefragt, die Sache schleifen lassen und gewartet, bis weitere Situationen das Fass zum Überlaufen bringen.

Gratulation: Sie haben mit Ihren Kollegen gesprochen. Sie sind ein Mensch, der Verantwortung für sich und seinen Part innerhalb des Teams übernimmt!

Welches Konfliktverhalten wurde gelernt?

Wer als Kind stets „Wenn du streitest, habe ich dich nicht lieb!" von den Eltern hörte, wird unter Umständen in Beziehungen, also auch den beruflichen, darauf achten, nicht zu streiten. Erwachsene, denen in der Schule eingepaukt wurde, dass Streit nicht akzeptiert wird, wenden vermutlich noch heute Vermeidungsstrategien an. Kinder übernehmen außerdem unbewusst das Konfliktverhalten ihrer Eltern und erziehen ihren eigenen Nachwuchs später oft im gleichen Stil .

Aber das so früh Gelernte kann auch in späteren Jahren um neue Gedanken und Verhaltensweisen erweitert werden, wenn die Erkenntnis gewonnen ist, dass das gleiche Verhalten immer wieder die gleichen Situationen auslöst, die sehr viel Energie rauben. Wenn man dann am Abend immer wieder schlecht gelaunt den Arbeitsplatz verlässt und am nächsten Tag dort weitermachen muss, wo man tags zuvor stehengeblieben ist, ist es Zeit, etwas zu verändern.

Wer an seinem Konfliktverhalten arbeiten möchte, sollte Schritt für Schritt sein Verhalten ändern, um nach und nach zu besseren Ergebnisse zu kommen und positive Erfahrungen zu machen. Die als Kind erlernte, meist bis ins Erwachsenenalter beibehaltene, Einstellung muss heute nicht mehr die richtige sein. Wenn Konflikte mit negativen Assoziationen verbunden sind, kann es sehr hilfreich sein, sich zu überlegen, wie der andere Teil des Konflikts aussieht.

Was ist der positive Teil an einem Konflikt?

Es gibt durchaus positive Aspekte eines Konflikts. Es ist sehr hilfreich, das zu sehen, wenn man sich dem Konflikt stellen will. Fragen dazu können sein:

▶ Was hat sich nach Konfliktklärungen in der Vergangenheit positiv verändert (zum Beispiel in der Beziehung zu einer anderen Person, im Projekt, bei der Zusammenarbeit)?

▶ Welche Maßnahmen haben Sie nach geklärten Konflikten getroffen?

▶ Was haben diese Ihnen langfristig gebracht?

Suchen Sie nach den guten Erfahrungen, den damit verbundenen Gefühlen, um sich so zu vergegenwärtigen, dass Konflikte nicht zwangsläufig negativ sein müssen.

Konflikte können kleine Wendepunkte sein:

▶ Das Arbeiten mit dem Kollegen macht heute mehr Spaß denn je.

▶ Der Kollegin ist klar geworden, dass sie in einer anderen Abteilung arbeiten möchte.

▶ Die Projektidee ist nach vielen Nächten des Streits so ausgereift, dass sie veröffentlicht werden kann.

Wenn Ihnen aus der Vergangenheit kein positiver Aspekt einfällt, dann ist folgende Übung ein alternativer Weg:

Übung: Ein Vorbild suchen

Nehmen Sie aus Ihrem Kollegen- oder Freundeskreis eine Person, deren Verhalten Sie in Konfliktsituation gut finden und schreiben Sie die positiven Eigenschaften dieser Person auf. Kreuzen Sie die Punkte an, die Sie gerne als Eigenschaft bei sich sehen würden:

– Welche Vorteile hätte dieses Verhalten für Sie in einer Konfliktsituation?

– Woran würden Sie merken, dass Sie diese Eigenschaften leben?

– Wie würden Sie nun Konflikte in Zukunft betrachten?

– Welche positiven Aspekte werden Sie zukünftig mit einem Konflikt verbinden?

Notieren Sie sich Ihre Antworten und achten Sie in den nächsten Tagen in Streitsituationen verstärkt auf die Men-

schen, die sich in Ihren Augen positiv verhalten – und beobachten Sie sich selbst. Finden Sie heraus, wie Sie gerne
reden und handeln würden und notieren Sie sich ihre eigene Wunschvorstellung. Wenn Ihnen klar ist, wie Sie sich
verhalten wollen, haben Sie ein Ziel. Sicher, es wird nicht
immer klappen, sich im richtigen Moment zu erinnern,
aber der Umgang mit Konflikten ist auch eine Übungssa-
che. Üben Sie, wo auch immer Sie können.

Dazu ist es hilfreich, mit kleinen Situationen zu beginnen,
in denen Sie nicht viel zu befürchten oder zu verlieren haben. Wenn Sie zum Beispiel wissen, dass viele Konflikte
bei Ihnen entstehen, weil Sie nicht „Nein" sagen können,
sich so aber immer mehr Arbeit aufbürden, dann üben
Sie dies zunächst außerhalb des Büroalltags. Zum Beispiel
an der Wursttheke: „Dürfen es 50 Gramm mehr sein?"
„Nein. Vielen Dank." Schweigen und genießen Sie!

Vielleicht sind Sie aber auch neu in der Abteilung und haben großen Respekt vor den älteren Kollegen? Aus Angst,
nicht in das Team aufgenommen zu werden, beziehen Sie
keine Position und vermeiden jede Diskussion? Starten
Sie mit den kleinen Dingen und nehmen das Ruder in die
Hand, wenn es darum geht, wo man mittags essen geht
oder was man der Kollegin zum Geburtstag schenkt. Bringen Sie sich ein und üben Sie, wo auch immer Sie können – die nächste Teambesprechung kommt bestimmt,
bis dahin haben Sie genug Übung!

Auf den Punkt gebracht

Guter Streit ist keine Frage der Technik, sondern die eigene Einstellung entscheidet, wie man sich verhält und kommuniziert. Konflikte zu haben ist völlig normal, wichtig ist nur,

– sie möglichst früh zu erkennen,
– miteinander zu reden und
– klar zu handeln,

damit sie nicht eskalieren. Der Umgang mit Streit und Konflikten kann erlernt werden, wenn man es möchte, wenn man sich seiner eigenen Einstellung bewusst wird und sie verändert. Gehen Sie kleine Schritte und notieren Sie sich Ihre Erfolge!

Der Konflikt ist das Symptom, was steht dahinter?

Ein Konflikt ist das Sichtbarwerden von unterschiedlichen

▸ Interessen,

▸ Zielen oder Wegen,

▸ Werten oder

▸ Bedürfnissen.

Die Ampel für den gemeinsamen Weg schaltet auf Rot: Stopp! Anhalten, Gang und Kupplung raus. Im Straßenverkehr fahren Sie nicht weiter, in einer Konfliktsituation im besten Fall auch nicht. Bleiben Sie stehen und fragen Sie sich, was hinter dem Konflikt steht.

▸ Was genau ist mein Problem?

▸ Was will/brauche ich?

▸ Was benötige ich unbedingt, um den Konflikt klären zu können? Benötige ich zum Beispiel Unterstützung, wenn ja, von wem?

▸ Was sind die Gründe, dass ich wütend/traurig/enttäuscht/genervt/verärgert ... (setzen Sie hier Ihr Gefühl ein) bin?

Bei kleinen Konflikten – im besten Fall sind sie das – beantworten Sie die oben genannten Fragen für sich. Ihre Antworten weisen wahlweise den Weg oder enthalten Hinweise, was Sie Ihrem Konfliktpartner mitteilen möchten.

> ### *Übung: Informationen sammeln*
>
> *Wenn Sie Interesse haben, Ihrem Gegenüber die Tür zum Dialog zu öffnen, so stellen Sie ihm die oben aufgeführten Fragen. Vermutlich werden Sie viele Informationen erhalten, die bisher nicht erwähnt wurden und die ihnen beiden hilfreich auf dem Lösungsweg sein können.*

Denken Sie immer daran: Der Konflikt macht sichtbar, wo es im Miteinander momentan nicht zur Zufriedenheit einer Person läuft, d.h. wenn der Konflikt nicht geklärt wird, bleibt die Unzufriedenheit, sie wird größer und verstärkt sich. Erschwerend kommt hinzu, dass sie zu einem späteren Zeitpunkt sehr viel schwieriger zu klären ist.

Was ist der Unterschied zwischen einem kleinen und einem großen Konflikt?

Der Konflikt an sich ist derselbe, egal ob Sie ihn als groß oder klein empfinden – nur die Stufe der Eskalation ist entscheidend. Am Anfang sind es kleinere Missverständnisse, die nicht sofort geklärt wurden, am Ende steht der Wunsch, sein Gegenüber zu vernichten. Damit es aber gar nicht so weit kommt, schauen wir uns das Eskalationsmodell von F. Glasl Sinn an. Es zeigt auf den ersten Blick, wo Sie und Ihr Gegenüber gerade stehen:

1. Ebene (Win-Win)

▸ Stufe 1: *Verhärtung.* Konflikte beginnen mit Spannungen, z. B. gelegentliches Aufeinanderprallen von Meinungen. Solche Spannungen passieren jeden Tag und werden nicht als Beginn eines Konflikts wahrgenommen.

▸ Stufe 2: *Debatte.* Ab hier überlegen sich die Konfliktpartner Strategien, um den anderen von ihren Argumenten zu überzeugen. Meinungsverschiedenheiten führen zu einem Streit. Man will den anderen unter Druck setzen. Schwarz-weiß-Denken entsteht – und das erschwert einen Kompromiss, wenn nur A oder B richtig ist und nicht nach gemeinsam akzeptierten Kompromissen gesucht wird.

▸ Stufe 3: *Taten statt Worte.* Die Konfliktpartner erhöhen den Druck auf den jeweils anderen, um sich oder die eigene Meinung durchzusetzen. Gespräche werden z. B. abgebrochen. Es findet keine verbale Kommunikation mehr statt und der Konflikt verschärft sich schneller. Das Mitgefühl für den anderen geht verloren.

2. Ebene (Win-Lose)

▸ Stufe 4: *Koalitionen.* Der Konflikt verschärft sich dadurch, dass man Sympathisanten für seine Sache sucht. Da man sich im Recht glaubt, kann man den Gegner denunzieren. Es geht nicht mehr um die Sache, sondern darum, den Konflikt zu gewinnen, damit der Gegner verliert.

▸ Stufe 5: *Gesichtsverlust.* Der Gegner soll in seiner Identität durch Unterstellungen oder Ähnliches vernichtet werden. Hier ist der Vertrauensverlust vollständig. Gesichtsverlust bedeutet in diesem Sinne Verlust der moralischen Glaubwürdigkeit.

▸ Stufe 6: *Drohstrategien.* Mit Drohungen versuchen die Konfliktparteien, die Situation absolut zu kontrollieren. Sie sollen die eigene Macht veranschaulichen. Man droht mit Forderungen oder Sanktionen.

3. Ebene: (Lose-Lose)

▸ Stufe 7: *Begrenzte Vernichtung.* Dem Gegner soll mit allen Tricks geschadet werden. Ab hier wird ein begrenzter eigener Schaden schon als Gewinn angesehen, sollte der des Gegners größer sein.

▸ Stufe 8: *Vollständige Vernichtung des Gegners.* Der Gegner soll mit Vernichtungsaktionen zerstört werden.

▸ Stufe 9: *Gemeinsam in den Abgrund.* Ab hier kalkuliert man die eigene Vernichtung mit ein, um den Gegner zu besiegen.

An diesem Modell können Sie nicht nur gut erkennen, auf welcher Stufe Sie sich momentan befinden, sondern auch wo Ihr Gegenüber steht. Allerspätestens ab der dritten Ebene sollten Sie sich Unterstützung bei einem Vorgesetzten, der internen Schlichtungsstelle oder einem externen Berater suchen. Ab diesem Zeitpunkt werden Sie es vermutlich nicht mehr alleine schaffen, den Konflikt zu lösen.

Damit Sie möglichst selten auf Ebene zwei oder drei „abrutschen", ist es wichtig, dass Sie rechtzeitig agieren. „Je früher desto besser" ist in diesem Zusammenhang die entscheidende Formel. Hierzu bedarf es, was nicht oft genug betont werden kann, immer der eigenen Klarheit, der Erkenntnis, was genau man erreichen möchte und wie man dies klar formuliert. Es geht eben nicht um Taktiken, um Schaden, Rache oder Macht, sondern um das echte Bedürfnis, den Konflikt zu klären, eine Lösung zu finden und gemeinsam mit dem Konfliktpartner auf „einen Nenner" zu kommen, der für alle Beteiligten akzeptabel und lebbar ist.

Je weiter man in die Konfliktspirale hineinrutscht, desto schädlicher wird das eigene Verhalten dem anderen, letztendlich aber auch sich selbst gegenüber. Je ruhiger man selbst ist, je besser man weiß, was man will, desto größer gleichzeitig auch die Chance, die Meinung des anderen zu respektieren und sich auf ihn einzulassen.

Die eigenen Blockaden erkennen

Die größten Steine legt man sich oft selbst in den Weg, doch nicht immer ist man sich dessen bewusst. Der Blick auf negative Glaubenssätze und Blockaden lohnt, obwohl er unbequem sein kann. Dialoge in Konfliktsituationen sind zunächst oft ein „Pingpongspiel": Ein Satz des Gegenübers, ein Wort oder eine Geste können beim Empfänger mehr auslösen, als sich der Sender je hätte träumen lassen. Die Nachteile liegen auf der Hand, denn meistens reagiert man automatisch bzw. wie gelernt. Ein guter Streit jedoch hat keine Verlierer oder Gewinner. Wie reagiert man selbst in Streitsituationen? In welche Fallen tappt man immer wieder und was kann man tun, um diese Schritte in Zukunft zu vermeiden? Werden Sie aufmerksam gegenüber den eigenen Reaktionen auf Signale:

▸ Wann reagieren Sie besonders emotional (traurig, wütend, verletzt oder aggressiv)?

▸ Welches (unerfüllte) Bedürfnis steht dahinter?

▸ Wie können Sie sich selbst dieses erfüllen bzw. Ihr Gegenüber darum bitten?

▸ Was können Sie in Zukunft tun, um besser zu reagieren? Was benötigen Sie, wer kann Ihnen helfen?

Im Verlauf der nächsten Kapitel werden Sie sehen, dass diese Fragen immer wieder auftauchen. Vielleicht wollen Sie sich zunächst nicht mit den Antworten auseinandersetzen, langfristig führt jedoch kein Weg daran vorbei, wenn es um konstruktive Konfliktklärung geht, denn nur das eigene Verhalten kann verändert werden, nicht das der Mitmenschen.

Umgang mit Ängsten

Eine besonders große Blockade beim Umgang mit Konflikten sind die eigenen Ängste. Im beruflichen Bereich tun sich viele Menschen besonders schwer, diese anzunehmen und zu hinterfragen. Die meisten leugnen gar, dass sie Ängste haben. Dann ist es sinnvoll, statt „Angst" das Wort „Sorge" zu verwenden, denn während Angst etwas ist, das oft mit Unfähigkeit assoziiert wird, machen sich viele Menschen – berechtigterweise – doch Sorgen.

Nehmen Sie sich ca. 30 Minuten Zeit, um die folgenden Fragen zu beantworten und notieren Sie die Antworten:

Übung: Ängste und Sorgen

– Worüber machen Sie sich Sorgen und wovor haben Sie Angst, w enn es um das Thema Streit und Konflikt geht?

> – *Welches unerfüllte Bedürfnis steht hinter der Angst?*
> – *Was können Sie tun, um dieses Bedürfnis zu erfüllen?*
> – *Wen können Sie um Unterstützung bitten, mit wem möchten Sie ein Gespräch führen? Und wann?*

Je eher Sie dieses Thema für sich klären, je besser Sie mit Ihren eigenen Ängsten und Sorgen umgehen, desto eher können Sie für sich sorgen. Sich mit seinen Ängsten zu beschäftigen heißt daher nicht, dass diese sofort verschwinden, sondern dass ihnen die Macht über das eigene Handeln genommen wird. Ängste wirken, sofern man sich ihrer nicht bewusst ist, aus dem Hintergrund, sie hemmen und blockieren, sorgen für Abwehrstrategien und Machtkämpfe, unendliche Diskussionen und Fantasien, die der Realität oft nicht standhalten.

Wer auf der Suche nach den eigenen Ängsten an das kleine Mädchen oder den kleinen Jungen an Mamas Rockzipfel denkt, ist auf dem Holzweg. Ängste lieben Karneval und kommen in unterschiedlicher Maskierung daher: Mal im Kostüm der Drohung, der Intrige oder der Schuldzuweisung, mal als Widerstand und Belehrung.

Nahezu alle Menschen haben Ängste, besonders im beruflichen Umfeld: Wer kennt zum Beispiel nicht die Sorge um den Job im Unternehmen und die Angst, deshalb den Lebensstil verändern zu müssen? Wer dachte nicht schon mal beim ersten Gespräch mit der neuen Kollegin, dass diese besser ist als man selbst oder wer hatte noch nie Sorge, dass die gesamte Abteilung sich gerade über einen lustig macht, weil man in einer Präsentation einen großen Fehler gemacht hat?

Menschen haben Ängste, haben Sorgen und diese sind durchaus berechtigt. Doch ihnen deshalb negative Kraft zu geben und sie über das eigene Leben bestimmen zu lassen, ist auf Dauer mindestens unbefriedigend. Ängste vor Konflikten sind Sorgen, die Sie bereits haben und die ein aufkeimender Konflikt nur verstärkt bzw. sichtbar macht.

Wenn Sie Angst haben, dass die neue Kollegin sehr viel bessere Arbeit leistet, werden Ihre Befürchtungen sichtbar und verstärkt, wenn die Kollegin von Ihrem Vorgesetzten in einer Besprechung ausdrücklich gelobt wird. Nun kann die Angst sich verschiedene Weg suchen: Blockade gegen den Chef, gegen die Kollegin oder direkt gegen beide.

Besser wäre jedoch, sich darüber Gedanken zu machen, worin es sich zeigt, dass Ihre Kollegin besser ist als Sie. „Ihr scheint alles ganz leicht zu fallen, sie ist freundlich, hilfsbereit und alle mögen sie." So verstecken sich eigene Ängste hinter scheinbaren Oberflächlichkeiten, denn Freundlichkeit ist nicht gleichbedeutend mit der Tatsache, dass die Kollegin auch wirklich besser ist. Vielleicht schließen Sie das nur aus dieser Eigenschaft und es ist nur Ihre Interpretation.

Wenn man nun bedenkt, dass fast jeder Mensch Ängste kennt, dann bekommt man ein Gefühl dafür, was täglich an einigen Arbeitsplätzen stattfindet. Es könnte zum Beispiel sein, dass auch die Kollegin Ängste kennt, vielleicht sogar vor Ihnen, weil Sie schon seit Jahren in diesem Unternehmen arbeiten und weil Sie es anscheinend nicht besonders gut fanden, dass sie in einer Besprechung vom Chef gelobt wurde. Die Aufmerksamkeit war ihr peinlich und Sie sind seitdem noch reservierter.

Verstrickungen ohne Ende ergeben sich, wo Menschen miteinander arbeiten, ein Knäuel aus Ängsten und Befürchtungen, die ganz unterschiedlich geäußert werden. Wenn Sie Ängste und Sorgen haben, sollten Sie darüber reden, denn es nicht zu tun, könnte fatale Auswirkungen auf Ihr Leben haben. Reden Sie mit Menschen, die Ihnen zuhören, die Sie verstehen und Ihnen helfen, den richtigen Umgang mit Ihren Gefühlen zu lernen.

Wichtig ist, dass Sie den ersten Schritt machen, denn alleine ist es oft anstrengend und mühselig, jedoch nicht unrealistisch. Wer sich auf den Weg machen möchte, findet hier einige Anregungen:

▸ **Die eigene Wahrheit:** Stehen Sie vor sich selbst zu Ihren Ängsten und Sorgen. Sie anzunehmen und sich einzugestehen, dass es sie gibt, ist der erste Schritt, um mit ihnen besser umzugehen. Das ist unbequem, manchmal auch sehr traurig und es lässt sich nicht vermeiden, an weniger schöne Erfahrungen erinnert zu werden – auf lange Sicht wird man jedoch belohnt.

▸ **Beobachten Sie Ihre Gedankengänge:** „Bestimmt wird … passieren" oder „Wenn ich das mache, dann wird … eintreten". Werden Sie Detektiv in Ihrer Angstforschung und machen Sie sich klar, dass die Fantasie oft schlimmer ist als die Realität. Spätestens wenn Sie die ersten Situationen erleben, in denen Sie am Ende denken „War alles gar nicht so schlimm wie befürchtet" werden Sie erkennen, dass Ihre Gedanken und Befürchtungen Ihnen im Vorfeld einen gehörigen Streich gespielt haben.

▸ **Überlegen Sie sich, was genau Sie brauchen.** Bei Angst vor Verlust des Arbeitsplatzes, könnte Ihnen eine Liste helfen, auf der Sie notieren, welche anderen Tätigkeiten Sie „im Fall der Fälle" übernehmen könnten oder welche Schritte zu gehen sind. Alles, was dazu beiträgt, dass die Angst ihren Schrecken verliert ist willkommen.

▸ **Schauen Sie hin, wo Sie besser reagieren können.** Haben Sie zum Beispiel Sorge, dass Ihr Vorgesetzter Ihre Arbeit nicht sieht oder anerkennt (unerfülltes Bedürfnis), könnten Sie ihn direkt um eine Rückmeldung bitten. „Herr Müller, mich interessiert Ihre Meinung zu den Berichten der letzten drei Wochen – wie haben sie Ihnen gefallen?"

Die Angst vor Streitsituation führt dazu, dass mit aller Kraft versucht wird, sie zu vermeiden, was wiederum dafür sorgt, dass die Situation schlimmer wird und nicht geklärt werden kann. Gerät man dann doch in eine Konfliktsituation, unternimmt man alles, um schnell wieder herauszukommen: Falsche Kompromisse werden eingegangen, Zugeständnisse gemacht, man sagt „Ja", obwohl man „Nein" meint, macht gute Miene zum bösen Spiel und am Ende ärgert man sich, dass man aus Angst keine Position bezogen hat und sich schon wieder überfahren fühlt.

Dieser Kreislauf kann jedoch durchbrochen werden – durch

▸ **Selbstfürsorge** (was hiermit genau gemeint ist, lesen Sie weiter unten) und

▸ **Übungssituationen,** in denen man die eigene Angst akzeptiert und lernt, mit ihr besser umzugehen und den Streit nicht nur auszuhalten, sondern auch Position zu beziehen. Ganz besonders eignen sich dazu die Situationen, die noch nicht eskaliert sind.

Und wenn die Angst berechtigt ist? Wenn sich herausstellt, dass die Angst, die Kollegin sei besser, nicht nur ihre Berechtigung hat, sondern auch den Tatsachen entspricht, ändern Sie den Blickwinkel und konzentrieren sich auf Ihre eigene Person: Was möchten Sie verändern, wen oder was benötigen Sie dazu, wann wollen Sie starten. In diesem Fall ist Ihre Angst u.U. also ein toller Wegweiser, um Sie darauf aufmerksam zu machen, was Sie verändern könnten. Wichtig ist: Jede Angst hat Ihre Berechtigung. Vielleicht entscheiden Sie eines Tages, dass einige Ihrer Ängste überflüssig waren, dann ist das Ihre Entscheidung bzw. das, was Sie neu gelernt haben, jedoch haben alle Ängste ihren Ursprung, ihren Sinn und sicher werden auch immer einige bleiben, was auch gut sein kann. Ängste anzunehmen und zu akzeptieren sind die ersten Schritte. Die Erkenntnis, dass sie wichtige Signale sind, mit denen man lernen kann umzugehen, sind unbezahlbar. Doch das steht meistens am Ende der Kette, am Anfang will man Ängste verdrängen oder sie ignorieren. Manchmal redet man sie sich schön, erklärt, sucht nach Motiven und hält an allem fest. Denn Angst zu haben ist die eine Sache, sie zu überwinden die nächste. So gibt es nicht wenige Menschen, die Angst haben, sich einem Konflikt zu stellen, doch die Angst vergeht nur, wenn man sich in die beängstigenden Situationen begibt. Beachten Sie daher:

▸ Die meisten Ängste entstehen nur in Gedanken: Angst, den Job zu verlieren, Angst vor der Kollegin, Angst, seine Aufgaben nicht richtig zu erfüllen. Das reinste Kopfkino, mit Gedanken, die Angst machen. Das heißt, nicht die Situation an sich ist gefährlich, sondern sie wird lediglich so eingestuft.

▶ Überlegen Sie, wann in Ihrer Vergangenheit Sie erlebt haben, dass die Angst berechtigt war. Wie haben Sie anschließend gehandelt? Welche Alternativen haben Sie in Ihrer aktuellen Konfliktsituation, sollten Ihre Befürchtungen wirklich wahr werden?

▶ Notieren Sie sich aktuelle Konfliktsituationen, vor denen Sie Angst haben und überwinden Sie sich, eine nach der anderen anzugehen. Machen Sie sich klar, dass jetzt die Angst zunehmen wird, halten Sie diese aus und bleiben Sie in der Situation, bis Sie merken, dass Sie ruhiger werden. Viele Menschen, die Angst vor Konflikten haben, benötigen in der Tat nur wenige positive Erfahrungen, um dieses Hindernis aus dem Weg zu räumen.

Den Konflikt angehen, wenn er klein ist

Streitsituationen sind zunächst sehr klein und recht freundlich. Sie klopfen leise an die Tür und bitten um Einlass. Doch aus Angst, es könnte unangenehm werden, öffnet man ihnen nicht die Tür, verlässt gar das Haus durch die Hintertür oder geht in den Keller, wo das Klopfen nicht zu hören ist.

Doch die kleine – immer noch recht freundliche – Streitsituation bleibt einfach vor der Tür stehen, während man weitere Anzeichen ignoriert oder nicht wahrnehmen will. In der Zwischenzeit kommen andere kleinere Streitsituationen vor unser Haus und nach einiger Zeit wird die Versammlung größer. Sie klopfen lauter und stärker und eines Tages sind sie gemeinsam so mächtig, dass sie uns die Tür einrennen und wir von der hausgemachten Katastrophe überrumpelt werden.

Selber schuld! Denn hätte man der kleinen Streitsituation die Tür geöffnet, sie wäre sehr freundlich und harmlos geblieben. Niemals haben Sie mit einem Kollegen oder Vorgesetzten von jetzt auf gleich einen Konflikt. Vielleicht wird in einem Moment der Konflikt aber plötzlich sehr deutlich sichtbar – dann war er bereits im Hintergrund aktiv und keiner hat ihn beachtet oder alle hatten Angst, ein Gespräch zu führen. Vermutlich wird daher bereits etwas in der Vergangenheit geschehen sein, das Sie beide verärgert hat und über das Sie nicht oder nicht richtig gesprochen haben. Irgendwann läuft das Fass über und die Situation ist viel schwieriger, als sie es vermutlich hätte sein müssen.

Damit es in Zukunft gar nicht erst wieder so weit kommt, empfiehlt es sich, früh miteinander zu reden und eine Klärung zu finden. Wichtig ist, dass man den Streit klären will! Wenn nicht, hilft kein halbherzig geführter Dialog, in dem sich die Beteiligten mit Vorwürfen überschütten, um die Treppe der Eskalation gemeinsam wütend nach unten zu gehen.

Menschen in Teams und Abteilungen durchlaufen unterschiedliche Phasen in einer Konfliktsituation. Damit diese Beachtung finden und in Zukunft besser gedeutet werden können, hier einige Merkmale, die Zeichen von Konflikten sein können.

▸ Mangelnde Loyalität: Gibt es Konflikte, lässt die Loyalität stark nach, gegenüber dem Unternehmen, der Abteilung/dem Team und den Kollegen/Vorgesetzten.

▸ **Alleingang:** Führungskräfte informieren nicht ausreichend, Diskussionen sind nicht mehr gern gesehen, das Vertrauen fehlt bzw. lässt nach.

▸ **Respektlosigkeit, mangelnder Humor, Verachtung, keine Gemeinsamkeiten:** Zeichen, die auf Konflikte hinweisen können, wenn sie sich im Laufe der Zeit verändert haben. Aus Kollegen, die viel miteinander lachen konnten, sind griesgrämige Personen geworden oder der gemeinsame Abend aller Kollegen pro Quartal findet nicht mehr statt.

▸ **Bildung von Allianzen:** Es bilden sich immer mehr Gruppen innerhalb der Abteilung, mit der Absicht, sich gegenseitig zu stärken und sich miteinander zu verbünden.

Diese Zeichen können darauf hindeuten, dass es ungelöste Konfliktsituationen gibt und bisher keine ausreichenden Schritte unternommen wurden, um die Situation zu klären.

Konfliktvermeidung stört die Harmonie

Wer Streit aus dem Weg geht, sorgt dafür, dass der Konflikt wächst. „Streitet euch nicht, wir wollen doch alle unsere Ruhe haben!" So oder ähnlich hallt es am Anfang des Lebens in viele Kinderzimmer hinein, um später als Echos in Büros wiederholt zu werden.

Ja, viele Menschen möchten Ruhe haben. Doch wer sich nicht streitet, trifft aktiv die Entscheidung, den Deckel des Wassertopfes mit dem kochenden Inhalt nicht anzuheben – bei gleichzeitiger Erhöhung der Temperatur. Wer versucht, den Streit zu vermeiden, sorgt dafür, dass der

Konflikt nicht geklärt wird und somit wachsen kann. Jedes neue Missverständnis, das in den Topf kommt, jede Verletzung, die nicht als solche geklärt wird, gibt dem Konfliktherd zusätzliches Feuer. Vielleicht wird der Streit kurzfristig ein wenig unterdrückt, unter Umständen auch durch Harmonieappelle in den Hintergrund gedrängt, aber auf längere Sicht bleibt er meistens bestehen und wird mit jedem neuen Punkt noch viel stärker.

Der Konflikt ist nur die Spitze des Eisbergs! Die unterschiedlichen Interessen/Ziele oder Bedürfnisse bleiben jedoch weiterhin bestehen und genau die sind es, die geklärt werden müssen, damit der Konflikt gelöst werden kann.

Der Konflikt ist eine Diva

Der Konflikt will Ihre Aufmerksamkeit! Durch Aufrufe zu falsch verstandenem Frieden und Harmonie sorgen Sie dafür, dass man ihm keine echte Aufmerksamkeit schenkt, und erhöhen somit die Chance, dass er sich weiterhin bei Ihnen aufhält und auf Dauer mehr Energie frisst, als bei einem rechtzeitigen Klärungsversuch nötig ist.

Hinter dem Wunsch, keinen Streit zu haben, stehen bei den meisten Menschen Ängste und hinderliche Glaubenssätze, ohne dass sie sich darüber bewusst sind. Das nächste Kapitel beschäftigt sich daher mit der wichtigsten Person in einem Konflikt.

Auf den Punkt gebracht

– Konflikte können Wendepunkte für ein besseres Miteinander sein.
– Konflikte sind normal – Eskalation kann oft verhindert werden.
– Konflikte zu vermeiden stört die Harmonie.
– Der Konflikt ist eine Diva: Schenken Sie ihm Ihre Aufmerksamkeit!
– Konflikte direkt klären

Die wichtigste Person in einem Konflikt sind Sie

Der Kollege hat die Präsentation nicht ordentlich abgegeben, der Vorgesetzte hat einen wichtigen Termin vergessen, der Mitarbeiter hat den Projektplan immer noch nicht geändert. Im Aufzählen von Versäumnissen anderer Menschen tun wir uns nur selten schwer, schon gar nicht in Konfliktsituationen.

Wir konzentrieren uns auf die Schuld der anderen, die Fehler und unangenehmen Seiten unserer Mitmenschen und vergessen nur zu gerne uns selbst dabei. Unsere Kollegen machen es genauso und der Streit kann kein Ende nehmen, weil sich jeder auf den anderen stürzt. Man ahnt, was Freunde oder Kollegen in schwierigen Zeiten brauchen, ist aber selbst oft nicht in der Lage zu sagen, was man selbst benötigt.

Viel schlimmer noch: Oft denkt man noch nicht einmal über die eigenen Bedürfnisse nach oder dreht sich im Kreis, was besonders in hektischen Zeiten oder in einer stressbelasteten Situation der Fall ist. Das Außen nimmt so viel Platz, Energie und Zeit in Anspruch, dass man den Kern vergisst. Die wichtigste Person in einem Konflikt sind Sie! Gesunder Egoismus trägt sehr viel dazu bei, dass schwierige Situationen nicht eskalieren und man gute, wenn auch schwierige Gespräche führen kann.

Erst wenn Sie selbst in der Lage sind, für sich zu sorgen, zur Ruhe zu kommen, und wissen, was Sie wirklich wollen, dann ist es möglich, einen Streit aufrichtig und ehrlich zu führen und in vielen Fällen auch zu klären.

An sich selbst zu denken ist die Basis, auf der alle weiteren Schritte aufbauen.

Dies bedeutet nicht, dass man nur die eigenen Lösungen durchboxen muss, damit die Situation ein gutes Ende nimmt – das wäre keine Klärung, sondern nur ein kurzfristiger „Sieg". Dagegen spricht im Prinzip nichts, wäre mit dem Blick auf den Konflikt nicht klar, dass falsche Kompromisse wie ein Bumerang zurückkommen und direkt noch ein paar weitere Konflikte mitbringen. Sich selbst in einer Konfliktsituation wichtig zu nehmen heißt:

▸ Klarheit über das Problem zu bekommen.

▸ Klartext sprechen zu können.

▸ Klar zu handeln.

Und all dies erreicht man viel besser, wenn man für sich sorgt, statt hektisch zu agieren, unkontrolliert durch die Gegend zu schimpfen oder die Konflikte über viele Monate hinweg sich auftürmen lassen.

Verantwortung übernehmen

Sich wichtig zu nehmen bedeutet, Verantwortung zu übernehmen: für das eigene Verhalten, für die eigenen (Re-) Aktionen und Aussagen. Wer dies beherrscht, kann sich auch in Konfliktsituationen so verhalten, dass er sich über seinen Anteil bewusst ist. Das bedeutet zu wissen, wann man sich hätte anders verhalten können, bereit zu sein, um Entschuldigung zu bitten, oder auch mal gelassen den Vorwurf des Kollegen hören, wissend, dass er gerade nicht anders kann.

Was brauchen Sie?

> *Seit Wochen hat Herr Maurer Probleme mit einem Kollegen: Absprachen werden nicht eingehalten, vereinbarte Termine nicht wahrgenommen und so wird das Verhältnis immer angespannter und die Zusammenarbeit schwieriger. Beide Parteien machen sich gegenseitig Vorwürfe, beschuldigen sich abwechselnd der schlechten Zusammenarbeit, ein Sündenbock wird gesucht und die Gesamtsituation ist für beide sehr anstrengend.*

Statt sich darauf zu stürzen, was der Kollege alles falsch macht, sollte sich Herr Maurer auf sich selbst konzentrieren. Dabei geht es noch nicht um eine konkrete Lösung des Problems, sondern ausschließlich um ihn und sein Wohlbefinden.

Wenn Sie in einer ähnlichen Situation sind, können folgende Fragen Lösungswege unterstützen:

> *Übung: Wie kann ich für mich selbst sorgen?*
>
> *– Was können Sie sich Gutes tun?*
> *– Was trägt dazu bei, dass Sie etwas gelassener oder entspannter werden können? (Je nach persönlichen Vorlieben können das z. B. Gespräche mit Freunden sein, Sport, ein Spaziergang oder ein besonders schönes Wochenende.)*

Sorgen Sie dafür, dass der Konflikt Sie nicht beherrscht und Sie im schlimmsten Fall die Kontrolle verlieren. Wichtig ist auch, dass es nicht bei Vorsätzen bleibt, sondern Sie Ihr Entspannungsprogramm auch wirklich in die Tat umsetzen, ganz getreu dem Motto: „Weil ich wichtig bin."

Nehmen Sie sich Zeit, um zur Ruhe zu kommen, sich selbst zu hinterfragen, nach Klarheit zu suchen, damit Sie entsprechend agieren können. Viele Menschen erwidern an dieser Stelle, dass für diesen Schritt keine Zeit und die Situation zu belastend sei.

Fakt ist jedoch: Je mehr Aufmerksamkeit Sie am Anfang sich selbst zukommen lassen, desto besser wissen Sie, was Sie wollen, desto klarer können Sie kommunizieren. Und genau diese Punkte tragen zu einer zügigen Klärung der Situation bei.

Welche Gedanken und Gefühle entstehen bei Ihnen?

Der Konflikt entstand nicht von jetzt auf gleich, somit wissen Sie schon seit einiger Zeit, dass es ihn zwischen Ihnen und einer weiteren Person gibt. Die Situation hat sich bereits aufgeschaukelt, erste Wortgefechte wurden geführt und die Gesamtsituation wird immer belastender für Sie. Die bis jetzt von Ihnen angewandte Art und Weise, mit Ihrem Konfliktpartner zu reden scheint erfolglos zu sein und so drehen Sie sich vielleicht ratlos im Kreis. Klären Sie immer wieder für sich diese Fragen:

Übung: Sich über sich selbst bewusst werden

– *Was genau ist das Problem?*

– *Was wünsche ich mir?*

> – *Welche Gefühle sind bei mir präsent, wenn ich an die Situation denke, wie fühle ich mich?*
> – *Wie kann ich für mich sorgen? Wer kann mir helfen?*

Die Antworten auf diese Fragen könnten in etwa so aussehen:

> ### Beispiele
>
> *„Ich fühle mich schlecht, meine Kollegen ignorieren mich und mein Chef meckert nur an meiner Arbeit herum."*
>
> *Hinterfragen Sie sich weiter: Was genau bedeutet für Sie „schlecht"? Was tun Ihre Kollegen konkret, dass Sie den Eindruck haben, ignoriert zu werden? Was genau sagt Ihr Chef?*

> Trennen Sie Beobachtung von Bewertung und üben Sie, sich selbst ein aufmerksamer Zuhörer zu sein. Erst so werden Sie später in der Lage sein, sich anderen in Konfliktsituationen klar mitzuteilen.

Finden Sie Ihre Antworten, notieren Sie diese und leiten Sie daraus die nächsten Schritte ab (zum Beispiel Gespräch mit dem Vorgesetzten).

Was genau stört Sie?

Um bei dem eingangs erwähnten Beispiel des Kollegen zu bleiben, kommt nun der erste Vorbereitungspunkt für ein Gespräch. Machen Sie sich, am besten schriftlich, klar, was genau Sie stört. Schreiben Sie Stichpunkte, Sätze, was auch immer Ihnen in dem Moment einfällt, auf.

> **Übung: Wo liegt der Hase im Pfeffer?**
>
> *Was ist es, das Sie wirklich stört?*
>
> *Wie fühlen Sie sich damit?*
>
> *Was wollen Sie Ihrem Kollegen sagen?*

Was erwarten Sie von einem klärenden Gespräch?

Was möchten Sie mit einem Gespräch mit dem Kollegen erreichen? „Klärung natürlich", mögen Sie denken, jedoch: Wann genau ist der Konflikt für Sie geklärt? Aus der Praxis hier einige Beispiele:

> **Wann ist der Konflikt geklärt? – Beispiele aus der Praxis**
>
> *– Wenn mein Vorgesetzter endlich einsieht, dass er einen Fehler gemacht hat und er die Schuld am verspäteten Projektstart trägt.*
>
> *– Wenn mein Kunde die offene Rechnung bezahlt.*
>
> *– Wenn mein Kollege mir zustimmt und sich bereit erklärt, die von mir vorgestellten Änderungen zu akzeptieren.*

Um einen Konflikt zu klären, ist es ratsam, entsprechend zu kommunizieren. Das beinhaltet, dass Sie sich darüber klar sind, ob das, was Sie momentan glauben erreichen zu wollen, auch für Sie sinnvoll ist. Klingt unlogisch, nicht wahr? Um bei den oben genannten Beispielen zu bleiben:

▸ Was haben Sie davon, dass Ihr Vorgesetzter die Schuld auf sich nimmt?

▸ Was haben Sie davon, wenn Ihr Kunde in zwei Jahren die Rechnung begleicht?

▸ Ist wirklich nur Ihr Lösungsvorschlag der einzig richtige Weg?

Je nachdem, auf welcher Eskalationsstufe Sie in der Konfliktsituation stehen, fallen Ihre Antworten vermutlich unterschiedlich aus.

Was haben Sie von der Klärung? – Beispiele aus der Praxis

„Mein Vorgesetzter soll die Schuld auf sich nehmen, damit alle in der Abteilung sehen, wie dämlich er ist" ist keine seltene Aussage. „Natürlich ist meine Lösung die einzig richtige, ich beschäftige mich schließlich schon länger mit dieser Aufgabe" ist nichts, was besonders ungewöhnlich als Antwort wäre. Vielleicht stehen Sie aber auch erst am Anfang des Konflikts, was Sie vermutlich zu der Antwort „Die Schuldfrage bringt nicht wirklich etwas" bewegen wird.

Daher erneut: Was erwarten Sie von dem Klärungsgespräch? Wenn es um die Lösungsfindung geht, fordern klare Dialoge glasklare Inhalte. Nutzen Sie zum Beispiel die SMART-Regel, um sich selbst erst noch klarer zu werden und dies auch zu formulieren, was besonders in der Teamarbeit sehr wichtig ist: „Spezifisch. Messbar. Attraktiv/Aktionsorientiert/Akzeptiert. Realistisch. Terminiert.".

Spezifisch: Präzise, unmissverständlich und positiv

„Ich möchte gerne weiterhin mit Ihnen zusammenarbeiten."

„Mir ist unsere Arbeitsbeziehung sehr wichtig. Daher möchte ich nicht, dass etwas zwischen uns steht."

„Ich möchte gerne einige Abläufe zwischen uns verbessern, damit wir effektiver arbeiten können."

Messbar: Die Anforderung sollte messbar sein

„In die Präsentationen gehören auf jede Seite unten rechts die Seitenzahl und oben links das Firmenlogo."

„Damit ich die Termine für Herrn Schmidt vorbereiten kann, benötige ich von Ihnen im Vorfeld folgende Angaben (Beschreibung)."

„Damit wir uns gegenseitig auf dem aktuellen Stand bringen können, benötige ich eine Stunde Zeit pro Woche von Ihnen."

Akzeptiert/Attraktiv:

Die Akzeptanz, besonders im Team, ist sehr wichtig, da ansonsten jeder Plan bei einem Vorhaben bleibt. Stellen Sie diese sicher, indem Sie direkt nachfragen:

„Ist dieses Vorhaben in Ihrem Sinne?"

„Wie finden Sie den Vorschlag/das Vorgehen bisher?"

„Sagen Ihnen diese Pläne zu?"

Aktionsorientiert: Formulieren Sie die nächsten Schritte positiv und klar

Nicht nur das große Ziel ist wichtig, sondern auch die kleinen Schritte vorab, damit die Meilensteine erreicht werden:

„Damit wir am Ende des Jahres die Umsatzziele erreicht haben, sollten wir uns im Januar um das Thema Akquise kümmern." (Wer macht was bis wann?!)

Realistisch: Jede Lösung sollte realistisch definiert sein

Ressourcen, die nicht zur Verfügung stehen, müssen zunächst organisiert werden (Aktion), sonst ist Ärger vorprogrammiert:

„Um die Kundenpräsentation bis Ende des Monats erstellen zu können, benötigen wir von Herrn Meyer die Angaben x bis Zeitpunkt y."

Je präziser alle Ziele in kleine Schritte zerlegt werden, desto früher können auch Entwicklungen erkannt werden, die vom Plan oder dem Ziel abweichen, denn die Formulierung mit der SMART-Regel ist kein Wunschkonzert, sondern eine Schritt-für-Schritt-Maßnahme, die eine Handlung zur Folge hat. Kontrolle und eventuelle Korrekturen sind daher unerlässlich: Das sorgt präventiv auch dafür, dass mangelhafte Kommunikation rechtzeitig erkannt und schnell geklärt werden kann.

Damit Sie sich vorab klarer werden, hilft Ihnen vielleicht die Unterteilung in die vier verschiedenen Seiten:

Sach-Seite:

Was ist beim letzten Mal passiert? Welche Fragen will ich klären? Was will ich besprechen? (Wer, wie, was, wann, wo?)

Ich-Seite:

Was habe ich beim letzten Mal gefühlt? Wie ging es mir? Was empfinde ich jetzt? Wieso empfinde ich es so?

Wunschseite:

Was soll sich ändern? Was möchte ich bewirken? Was brauche ich im Moment?

Beziehungsseite:

Wie habe ich mich beim letzten Mal behandelt gefühlt? Was hat mich gestört? Was möchte ich dem anderen mitteilen? Wie sehe ich meine Beziehung zum anderen?

Manipulieren ist out – Kommunikation ist in

Das Problem ist klar definiert, nun soll eine Lösung gefunden werden, die auf der Hand zu liegen scheint. Aussagen, die mithilfe der SMART-Regel gefunden werden können, sind zum Beispiel diese:

> – *„Ich will, dass Herr Meyer versteht, dass er mich bei wichtigen Absprachen mit einbezieht."*

– *„Mein Vorgesetzter soll endlich ordentlich mit mir umgehen."*

– *„Meine Kollegin soll aufhören, hinter meinem Rücken schlecht über mich zu reden."*

Zur Erinnerung das Konfliktmodell von Glasl:

1. Ebene (Win-Win)

▶ Stufe 2: *Debatte.* Ab hier überlegen sich die Konfliktpartner Strategien, um den anderen von ihren Argumenten zu überzeugen. Meinungsverschiedenheiten führen zu einem Streit. Man will den anderen unter Druck setzen. Schwarz-weiß-Denken entsteht.

Die Aussagen sind legitim und aus der entsprechenden Sicht nachzuvollziehen, doch nun in die Praxis.

Beispiele aus der Praxis

Stellen Sie sich bitte vor, Herr Müller und Herr Meyer bestätigen beide, dass sie miteinander einen Konflikt haben, reden kaum noch und die Stimmung ist angespannt. Herr Müller sagt: „Herr Meyer, ich möchte dass Sie mich bei wichtigen Absprachen mit einbeziehen." Wie wird Herr Müller reagieren? Sich rechtfertigen? Die Schuldzuweisungen, die er in dieser Aussage vermutlich hört, direkt an Herrn Müller zurückspielen? Widerstand leisten?

Ein weiteres Beispiel, erneut eine angespannte Konfliktsituation, Frau Meyer zu ihrer Kollegin: „Hören Sie endlich auf, hinter meinem Rücken schlecht über mich zu reden." Den Streit kann man förmlich hören. Dieses Kapitel heißt „Die wichtigste Person in einem Konflikt sind Sie" – und

> *dies bedeutet, dass die o. g. Aussagen für Sie durchaus richtig sein können, nur leider keinen Dialog fördern. Man merkt leicht, wenn man sich vorstellt, dass man selbst diese Sätze zu hören bekommt, was genau sie auslösen.*

Manipulation heißt, einen Menschen zu überreden, ihn zu überzeugen, seinen eigenen Willen durchzusetzen, in der irrtümlichen Annahme, der Konflikt sei damit geklärt. Besonders Menschen,

▸ die sich unterlegen fühlen (weil sie zum Beispiel noch nicht so lange im Unternehmen sind),

▸ die Angst haben (zum Beispiel vor Streit) oder

▸ wenig Selbstbewusstsein haben,

lassen sich relativ leicht manipulieren. Das mag für den jeweils anderen Konfliktpartner ein „gefundenes Fressen" sein, denn diese Menschen lassen sich leicht überreden, sind aber später oft die, die mit allen Mitteln zurückschlagen, weil sie merken, wie mit ihnen umgegangen wurde. Manipulierte Menschen fühlen sich fremdbestimmt, die Folge ist, dass keine Klärung der Situation stattfindet. Daher macht es auch hier Sinn, nicht etwas anzuwenden oder auszunutzen, von dem wir nicht wollen, dass es andere mit uns machen.

Wie aber verhält man sich, wenn man selbst leicht zu manipulieren ist? Zum einen gilt es, sich der eigenen Angst, dem mangelnden Selbstbewusstsein oder dem bestimmenden Gefühl zu stellen und dafür zu sorgen, dass Ängste nicht das Verhalten bestimmen. Wenn dies geschehen ist, kann versucht werden, in der Streitsituation den Manipulierenden zu hinterfragen, der im besten Fall nicht weiß, was er gerade versucht, sondern auf der Suche nach einer Lösung für seinen Konflikt ist. Auf das oben erwähnte Beispiel angewandt könnte dies so aussehen:

> *„Herr Meyer, ich möchte dass Sie mich bei wichtigen Absprachen mit einbeziehen."*
>
> *„Herr Müller, bei mir kommt an, dass Sie sich übergangen fühlen. Um in Zukunft sicherzustellen, dass das nicht mehr passiert, wäre es hilfreich, wenn Sie mir sagen, wann genau etwas für Sie wichtig ist."*

Diese Art der Reaktion eröffnet einerseits den Dialog, zum anderen gibt man zu verstehen, dass man nicht nur gesprächsbereit ist, sondern auch an einer Klärung Interesse hat.

Und jetzt ist Schluss!

Sich selbst wichtig nehmen bedeutet auch, dass die eigenen Grenzen nicht überschritten werden sollten, wenn doch, gilt es, hier ein klares Signal zu setzen. Lassen Sie nicht auf sich herumtrampeln, sich ausnutzen, zu falschen Kompromissen verleiten oder sich öffentlich vorführen. Dabei ist es völlig unerheblich, ob andere Menschen Ihnen zustimmen, dass z. B. die Reaktion des Kollegen auf Ihre Bitte gerechtfertigt war oder nicht.

> Der einzige Mensch, der weiß, ob Ihre Grenze überschritten wurde, sind Sie.

Ebenso aber auch andersherum: Überschreitet man Grenzen seines Gegenübers, hat dieser ebenso die Pflicht und das Recht, dies entsprechend zu benennen. Im besten Fall ist man in der Lage, um Entschuldigung zu bitten.

Besonders wenn der Konflikt noch nicht eskaliert ist, macht es Sinn, sich immer vor Augen zu führen, dass Grenzen oft nicht sichtbar und von allen Seiten schneller überschritten sind, als es den Beteiligten oft lieb ist. Wenn dann die nötige Ruhe und Gelassenheit fehlt, was in einer Streitsituation oft der Fall ist, kann aus seiner ungewollten Überschreitung schnell ein „Nebenkriegsschauplatz" werden. Im besten Fall gehen daher alle Beteiligten davon aus, dass vieles aus Unwissenheit und überschäumenden Emotionen gesagt wird, weniger aus Boshaftigkeit. Wichtige Punkte in einer Streitsituation, die es daher ebenso zu beachten gilt, sind folgende:

▸ Behalten Sie das Sachproblem im Auge und verlieren sich nicht in Sprachproblemen.

▸ Meiden Sie mehrdeutige Wörter und gehaltlose Aussagen.

▸ Fassen Sie sich kurz und einfach.

In bereits eskalierten Konfliktsituationen wird von der Gegenseite regelrecht nach diesen Grenzen gesucht, denn die Verwundbarkeit des Gegners gilt als persönlicher Sieg. In weniger dramatischen Situationen findet die Grenzüberschreitung statt, ohne dass sich der Sender darüber bewusst ist, denn für ihn ist es unter Umständen einfach nur ein hilfloser Versuch oder ein Vorwurf, der aus der Stresssituation heraus schnell gesagt ist. Wenn Sie öfter

erleben, dass Menschen Ihre Grenzen überschreiten, beantworten Sie sich bitte folgende Fragen:

Übung: Wenn Ihre Grenzen öfter überschritten werden

– Wann werden meine Grenzen überschritten?

– Wo sind meine Grenzen?

– Womit überschreitet der andere diese Grenzen? (Was sagt oder macht diese Person?)

– Wie fühle ich mich? Was kann ich in diesem Moment für mich tun?

– Wie formuliere ich deutlich, dass gerade eine Grenze überschritten wurde?

Möglichkeiten der Formulierungen sind diese:

Grenzen formulieren

„Herr Meyer, ich erwarte, dass Sie in einem angemessen Tonfall mit mir reden, ansonsten werde ich den Raum verlassen."

„Frau Müller, ich bin gerne bereit, mich mit Ihnen auseinanderzusetzen, allerdings akzeptiere ich nicht, dass Sie mich Idiot nennen, unterlassen Sie das bitte."

Wenn Grenzüberschreitung stattfindet, äußern Sie dies, so ruhig es Ihnen in diesem Moment möglich ist. Auch ist es durchaus in Ordnung, wenn Sie Maßnahmen ankündigen (Raum verlassen), sobald ein gewisses Maß überschritten wurde.

Erwartungen und Wünsche

> *„Ich wünsche mir von meinen Mitarbeitern, dass sie pünktlich zur Arbeit erscheinen."*
>
> *„Frau Meyer, ich erwarte, dass Sie die Ablage so organisieren, wie ich es Ihnen gezeigt habe."*

Manchmal ist es nur ein Wort, das darüber entscheidet, wie eine Aussage ankommt, aber auch entscheidet, wie die anschließende Reaktion sein kann bzw. nicht sein sollte.

Ein Wunsch ist ein Wunsch und niemand muss sich als Wunscherfüllungsgehilfe sehen, wenn er es nicht sein möchte. Eine Erwartung hingegen ist etwas, das Menschen als Basis oder Mindestmaß an Pflichterfüllung benötigen, um miteinander arbeiten zu können. Und so ist es vielleicht doch keine Erwartung, dass die Ablage so organisiert wird, wie man es sich selbst wünscht. Dass Mitarbeiter pünktlich zur Arbeit erscheinen, ist jedoch sehr sicher eine Erwartung. Für Dialoge in Konfliktsituationen bedeutet dies:

▸ Sprechen Sie eine Erwartung klar aus, wenn es eine ist. Es gibt gewisse Punkte, die erfüllt werden müssen oder sollen und deren Nichterfüllung eine Grenzüberschreitung oder eine Ausnahmesituation darstellen.

▸ Äußern Sie einen Wunsch, wenn es ein solcher ist, bei Nichterfüllung gilt es jedoch, sich nicht grantig zu verziehen, sondern zu akzeptieren, dass der andere „Nein" sagt.

▸ Beobachten Sie Ihre Reaktion auf Erwartungen und Wünsche und seien Sie sich bewusst, wie Ihre Formulierungen auf andere wirken und welche Reaktionen hervorgerufen werden.

Sich selbst in einer Konfliktsituation wichtig zu nehmen ist das A und O. Dazu gehört auch, dass es einige Konflikte gibt, die das Team, die Abteilung oder die beteiligten Menschen nicht mehr selbst klären können. Man dreht sich im Kreis, es gibt keine positive Veränderung, keiner sieht einen Ausweg. Personen, die sich wichtig nehmen, werden hier klar das Signal geben, dass sie Unterstützung benötigen. Sie nutzen interne Lösungsangebote oder holen externe Unterstützung ins Haus. Dies ist kein Zeichen der eigenen Unfähigkeit, sondern ein sehr klares Signal von übernommener Verantwortung gegenüber dem Team und dem Unternehmen.

Auf den Punkt gebracht

Die wichtigste Person in einem Konflikt sind Sie. Wer die Verantwortung für sich übernimmt, kann entsprechend in einer Konfliktsituation kommunizieren und handeln. Überlegen Sie sich, was Sie brauchen, was das Problem ist, mit wem Sie wann reden möchten und was Ihnen wichtig ist zu sagen. Verantwortung übernehmen heißt auch, Grenzen zu setzen, wenn diese überschritten wurden. In diesem Fall machen Sie das Ihrem Konfliktpartner ausdrücklich und unmissverständlich klar.

Stolperfallen in Konfliktsituationen sehen und umgehen

Erinnern Sie sich an Ihre erste Fahrstunde? Alles war aufregend und neu, die Regeln waren teilweise noch unbekannt und der eine oder andere Fehler passierte.

Besonders in neuen Situationen können nicht alle Hürden gesehen werden – zu viel, was es zu beachten gilt und die Aufmerksamkeit fordert. Der neue und andere Umgang mit Konflikten macht hier keine Ausnahme. Wichtig ist, dass Sie sich darüber klar sind, dass Sie Erfolgserlebnisse haben werden und diese auch wollen. Damit diese Situation möglichst zügig eintritt, hier einige Hürden, auf die Sie besonders achten sollten.

Emotionen gehören dazu, oder?

Wie kommt es, dass wir uns zum Beispiel in einem Akquisegespräch der Emotionen unseres Gegenübers bedienen und sie (aus-)nutzen sollen, Führungskräfte „leidenschaftliche" Mitarbeiter fordern, während wir in Krisen- und Konfliktsituationen Gefühle ausschalten wollen?

- ▶ „Bleiben Sie doch bitte sachlich."
- ▶ „Konstruktiv bleiben!"
- ▶ „Wir wollen uns nicht heiraten."
- ▶ „Gefühle gehören nicht ins Büro."
- ▶ „Immer diese Befindlichkeiten!"

Emotionen sind beim Pförtner abzugeben?!

Gefühle in Konfliktsituationen sind selten schön: Hass, Wut oder Trauer sind nichts, was Menschen genießen. Gepaart mit Sätzen und Aussagen, die scharf wie Messer sind, scheinen sie keine gute Basis für ein ordentliches Gespräch zu sein. Ist das so? Ist es nicht menschlich, dass wir Gefühle haben, ist es nicht sogar gesund, dass wir diese in Maßen ausleben, sicher auch an dem Ort, an dem wir mehr Zeit verbringen als in den eigenen vier Wänden, nämlich am Arbeitsplatz?! Sachlichkeit und Emotionen sind *zunächst* nicht zu trennen. Es ist egal, wo wir uns gerade befinden, im Büro, im Stau, bei der Nachbarin oder im Kindergarten. Wir wissen, dass es Situationen gibt, in denen wir darüber nachdenken sollten, was und wie wir es sagen, aber dann gehen sie mit uns durch, die Gefühle. Emotionen und Sachlichkeit sind dann zu trennen, zumindest unterschiedlich zu betrachten, wenn man es schafft, diese „Pferde" wahrzunehmen, zu akzeptieren, um sich ihnen dann nacheinander zuzuwenden.

Hierbei gilt: Störungen haben Vorrang! Unklarheiten, Missverständnisse, Gefühle, Verletzungen und unerfüllte Bedürfnisse sind nicht geklärte Punkte, die eine sachliche Diskussion verhindern. Erst wenn diese geklärt sind, kann sich inhaltlich auseinandergesetzt oder die Zusammenarbeit fortgesetzt werden.

> **!** Je mehr wir versuchen, unsere Emotionen zu unterdrücken, desto präsenter und gegenwärtiger sind sie.

Man sagt: „Nein, ich werde hier keine Befindlichkeiten auf den Tisch packen, das gehört nicht in diese Situation, ich bin schließlich Profi." Und kämpft während des gesamten Meetings damit, sich seinen Ärger nicht anmerken zu lassen, während man in dieser Zeit aber ebenso wenig in der Lage ist, an der Diskussion teilzunehmen oder dem Kollegen zuzuhören, der gerade Unterstützung in einer schwierigen Angelegenheit benötigt. Wir sind dann Profi, wenn wir anerkennen, dass wir diese zwei Schuhe tragen: Sachlichkeit sowie Emotion, und lernen, für uns zu sorgen, besonders in den Situationen, in denen wir vermuten, dass Emotionen schaden. Erinnern Sie sich an die Definition von Konflikt? Kein Konflikt ohne Emotion! Sie haben keine Emotionen? Dann haben Sie keinen Konflikt!

Profis sind Menschen! Und Menschen stehen wir immer gegenüber: Im Büro, im Stau, bei der Nachbarin, im Kindergarten und wenn wir in den Spiegel sehen!

Welche Gefühle erleben Sie in Konfliktsituationen?

Zunächst werden es Emotionen sein, die man meistens als „negativ" bezeichnet:

▸ Hass,

▸ Wut oder Ärger, manchmal auch

▸ Trauer.

Die meisten Beziehungen, damit auch die im Arbeitsleben, durchlaufen vier Phasen:

1. Annäherung

2. Bindung

3. Trennung

4. Trauer

Dies bedeutet nicht, dass zwangsläufig eine Trennung erfolgen muss, schließt es aber nicht aus. Viele Menschen haben an einem dieser Punkte besonders Probleme: Einige mögen keine nähere Bindung eingehen, weil sie Angst vor Nähe haben oder bereits zu oft enttäuscht wurden, andere hassen Trennungen und sind bereit, sämtliche Kompromisse einzugehen, um die Beziehung nicht beenden zu müssen. Auf das Arbeitsleben ist dieses „Bonding-Modell" ebenso zu übertragen: Kollegen, die kein privates Wort wechseln, weil sie befürchten, dass zu viel privater Kontakt nicht gut ist, Vorgesetzte, die sich nicht von Mitarbeitern trennen können und damit ganze Projekte gefährden. Vielleicht unterstützt Sie dieses Modell dabei, herauszufinden, welche Emotionen bei Ihnen in Konfliktsituationen vordergründig sind und versuchen herauszufinden, welche Angst dahinter steht. Die Erkenntnis darüber führt sie direkt an den Punkt, den Sie in Konflikten vermutlich noch verbessern können. Dies geschieht nicht durch eine Verschleierungstaktik oder einen Trick, sondern durch einen möglichst ehrlichen Umgang mit Ihnen selbst. Kein Mensch wird gerne ausgenutzt oder hintergangen, verlassen oder schlecht behandelt, das Leben im Berufsalltag macht hier keine Ausnahme. Doch genau diese Ängste führen dazu, dass sich viele Menschen nicht gerne mit den Emotionen auseinandersetzen oder, ganz im Gegenteil, ihnen zu viel Macht geben.

Wohin mit den Emotionen in unangenehmen Gesprächen?

1. Vergessen Sie die Sachlichkeit, wenn Emotionen die Zügel in der Hand halten!

Klären Sie Ihre Gefühle, lassen Sie Dampf ab und hören auf, sich hinter Positionen und Bildschirmen zu verstecken. Früher hätte man sich einen Boxkampf geliefert, heute geht es per Wort mindestens genauso gut. Bleiben Sie oberhalb der Gürtellinie, dann ist alles gut! Verstecken gilt nicht. Es ist nicht leicht zu akzeptieren, dass man Emotionen in Gesprächen hat, die sachlich sein sollen. Aber erinnern Sie sich an die letzten Situationen, in denen Sie sich darauf konzentriert haben, bloß keine Wut oder Ärger zu zeigen? Man kontrolliert sich, bis man am Ende doch die Kontrolle verliert und in vielen Fällen passiert das nicht an der richtigen Stelle oder dem Menschen gegenüber, den es betrifft.

Gesunde Arbeitsbeziehungen halten es aus, wenn Sie Gefühlen angemessen Lauf lassen, sie verdeutlichen auch, welche Laus wem gerade über die Leber gelaufen ist.

2. Die eigene Person steht an erster Stelle

Egoisten an die Front? Jein! Überlegen Sie sich, was Sie brauchen. Das können ganz unterschiedliche „Dinge" sein: Es gibt Menschen, die müssen kurz den Raum verlassen. Oder sie beantworten E-Mails an den Kollegen, mit dem Sie gerade Streit haben, erst nach einer Stunde. Es gibt Menschen, die brauchen ein Glas Wasser oder rufen ihre Freundin an, um bei ihr den ersten „Dampf" abzulassen, oder machen Sport. Egal was es ist, überlegen Sie sich, was Sie brauchen. Und dann sorgen Sie dafür, dass Sie es bekommen oder sich nehmen, denn es wird Ihnen keiner diese Verantwortung abnehmen. Sie sind für sich und Ihre Gefühle verantwortlich, die positiven wie die negativen, wobei: Bewerten Sie doch mal Ihre Gefühle nicht, dann gibt es auch keine guten oder schlechten mehr. Sie sind die wichtigste Person in einem Konflikt, wenn Sie sich das immer wieder klar machen, dann wissen Sie, wem Sie die Macht über sich geben sollten. Und das ist bestimmt nicht Ihr Vorgesetzter, Verhandlungspartner oder Mitarbeiter. Das sind Sie!

3. Klärung – zum Wohle aller Beteiligten!

Simpel und lösungsorientiert: Wenn alle Anwesenden wüssten, was sie brauchen, und für sich selbst sorgen würden (was nicht heißt, dass sie das nicht in der Gruppe machen können, sie müssen es nur zunächst wissen und dann den Mut haben, es zu äußern!), dann – und wirklich erst dann – kann man eine emotionsgeladene Situation klären.

Alle sollten bereit sein, sich den Standpunkt des jeweils anderen anzuhören, sich nicht rechtfertigen und keine Verteidigungshaltung einnehmen. Nur so können auch Sie anwesend und präsent sein. Und dann geschieht Folgendes: Die anderen hören Ihnen zu, stellen Fragen und versuchen, Sie zu verstehen.

Und nun stellen Sie sich vor, wenn alles ausgesprochen wurde, was an Gefühlen rumspringt, die Ängste, die Sorgen, die Befürchtungen, was dann passiert: Sie können zum nächsten Schuh, der Sachlichkeit! Es kann geklärt werden, welche Wege es zur Lösung gibt, es werden Alternativen gefunden, es werden konstruktive Vorschläge gemacht, es kann wieder diskutiert werden und eine Stimmung einkehren, die wir in den meisten Fällen als angenehm empfinden, die uns Spaß und Freude bringt, die uns mit guter Laune ins Büro gehen lässt. Hier die wichtigsten Spielregeln, die Sie trotz aller Emotionen beachten sollten. Im Idealfall sind diese allen Beteiligten bekannt, sodass möglichst wenig Grenzen überschritten werden.

▸ **Eigene Gefühle:** Versuchen Sie bei allen Emotionen, bei sich zu bleiben. Sagen Sie, was Ihnen missfällt, worüber Sie sich ärgern, was Sie aus der Fassung bringt. („Ich finde …", „Ich möchte …")

▸ **Richtiger Zeitpunkt:** Fangen Sie mit einem Gespräch nicht an, wenn Ihr Kollege in zehn Minuten aus dem Haus muss. Im besten Fall haben Sie vorher einen Gesprächstermin vereinbart.

▸ **Ironie, Spott und Zynismus:** Verstecken Sie sich nicht hinter eingefahrenen Verhaltensweisen, sondern sagen Sie klar und ehrlich, was Sie meinen, schließlich soll am Ende eine Klärung stehen.

▸ **Mimik und Gestik:** Das Verdrehen der Augen, das Sich-Aufbauen vor dem Schreibtisch des Kollegen oder vernichtendes Abwinken disqualifizieren jeden, der dies macht.

Es ist im beruflichen Alltag der goldene Mittelweg, der am Ende zu den besten Ergebnissen führt. Je angespannter die Situation ist, desto schwieriger wird es sein, ihn zu gehen. Deshalb ist es auch hier umso wichtiger, dass Sie sich um die wichtigste Person in einem Konflikt kümmern – Sie wissen bereits, wer das ist. Und was ist mit den anderen Menschen?

„Ich weiß doch, was ich höre!" – gefährliche Interpretationen

Alles Mist?

Frau Schmitz hat ein Gespräch mit ihrem Vorgesetzten Herrn Christian, für den sie eine Präsentation vorbereiten soll. Als sie die Tür schließt, motzt sie: „Die Präsentation gefällt ihm nicht. Er findet meine Arbeit Mist." Von einer Kollegin wird sie gefragt, ob der Vorgesetzte das wirklich so gesagt habe, sie antwortet: „Nein, weiß nicht mehr, ich arbeite nicht gut genug, die ganze Präsentation ist Mist, ich muss alles neu schreiben."

Zufällig kommt die Kollegin auf ihrem Weg zur Konferenz am Büro von Herrn Christian vorbei und bekommt mit, was er über die Präsentation sagt: „Frau Schmitz hat die Präsentation fast fertig, Folie 7 und 9 fand ich unübersichtlich, Folie 12 hatte eine falsche Schrift und die Grafik zum neuen Produkt hat noch gefehlt – aber das sind Kleinigkeiten, sie hat ihre Arbeit ansonsten gut gemacht!"

Interpretation – eine anstrengende Falle

Nicht nur Frau Schmitz ist gefangen in der selbst aufgestellten Falle, ihre Kollegin bezieht sie direkt mit ein und bildet unter Umständen bereits damit Fronten, die sich irgendwann verhärten könnten. Aus „Ich finde Folie 12

nicht gut" wird ein „Sie können keine Präsentation aus-
arbeiten" und aus „Ich bin mit Ihrer Terminquote nicht
zufrieden" ein „Sie sind unfähig, Ihren Job zu machen".

Wie schwer machen Sie sich das eigene Leben, indem Sie
ständig glauben zu hören, was der andere wirklich sagen
will, wirklich meint, Ihnen wirklich mitteilen möchte! Fakten sind Fakten, ohne Bewertung. Die Präsentation ist
nicht misslungen, sondern einzelne Folien müssen über-
arbeitet werden. Wer ständig und dauernd interpretiert –
dazu noch falsch –, macht es seiner Umgebung verdammt
schwer, denn was passiert? Der „Empfänger" der Botschaft ist beleidigt, zieht sich zurück oder ist demotiviert,
der „Sender" merkt dies und interpretiert im schlimmsten
Fall auch, dass der Empfänger demotiviert ist. Die Spira-
le der Missverständnisse beginnt und sorgt für Streit und
schlechte Stimmung. Zur Erinnerung, hier die Stufe 1 des
bereits vorgestellten Konfliktmodells von Glasl:

1. Ebene (Win-Win)

▸ Stufe 1: *Verhärtung.* Konflikte beginnen mit Spannungen, z. B. gelegentliches Aufeinanderprallen von Meinungen. Solche Spannungen passieren jeden Tag und
   werden nicht als Beginn eines Konflikts wahrgenommen.

Macht man sich bewusst, dass Interpretationen, die nicht
auf ihre Richtigkeit hin überprüft wurden, oft ein enormer,
selbst verschuldeter Zündstoff sind, dann geht man bereits
durch das Abschalten dieser Komponente einen anderen
Weg im täglichen Miteinander. Folgende Geschichte ver-
anschaulicht die Situation:

Eine Schale Äpfel

Auf dem Tisch steht eine Schale mit Äpfeln. Der Mann sieht die Äpfel und denkt „Ich wollte doch Bananen haben". Die Frau sieht die Äpfel und denkt „Ach, ich wollte doch einen Kuchen backen". Und der Sohn fragt sich beim Blick auf die Äpfel: „Wo ist die Schokolade?"

Alle denken und interpretieren. Dabei steht auf dem Tisch doch nur eine Schale mit Äpfeln.

Interpretationsspirale – man kann sie stoppen

Wenn Sie sich Ihrer Interpretationen bewusst sind und genau wissen wollen, ob das, was Sie denken, stimmt, dann gibt es nur einen einzigen direkten Weg. Stellen Sie Fragen: „Herr Christan, halten Sie meine Präsentation für misslungen?" Das ist fair und offen, die Beteiligten haben die Chance, eine Vertrauensbasis herzustellen bzw. sie gar nicht erst zu verlieren, auch um sicher zu sein, dass es keiner Interpretationen bedarf.

Und wenn die Aussagen nicht klar sind? Fragen Sie weiter. „Was meinen Sie damit, dass Sie meine Listen gewöhnungsbedürftig finden?" oder „Was meinen Sie konkret?". Hören Sie auf, ständig zu glauben, zu vermuten oder anzunehmen und stellen Sie die Kommunikation auf ein möglichst sicheres Fundament. Das ist am Anfang nicht immer leicht, es bedarf einiger Übung, sorgt aber dafür, dass es in vielen Fällen erst gar nicht zu Konflikten kommt. Besonders bei neuen Kollegen hat es sich bewährt, über Fragen dieser Art in den Dialog zu treten. Interpretieren Sie diese Aussage aber bitte nicht so, dass es nach Jahren der Zusammenarbeit keine Missverständnisse dieser Art mehr gibt.

Im besten Fall haben Sie eben bemerkt, wie schnell man interpretiert und auf einen „falschen Weg" geführt wird. Oft fehlt uns das Bewusstsein für unsere schnellen Assoziationen und Interpretationen, sodass es einiger Übung bedarf, sie zu erkennen. Doch ist dies erst geschehen, werden Sie bemerken, wie oft man sich selbst hinderliche Steine in den Weg legt- aber ebenso sind wir auch in der Lage, sie selbständig und alleine aus dem Weg zu räumen bzw. sie in Zukunft immer seltener zu gebrauchen. Unsere Gedanken fahren oft bekannte Wege, doch wir haben alle Möglichkeiten, sie zu stoppen.

Auf den Punkt gebracht

- Emotion und Konflikt sind ein Paar. Ohne Emotionen kein Konflikt.
- Streitsituationen sind zunächst immer klein und eine Klärung meistens sehr erfolgsversprechend.
- Vermeiden Sie, dass die Situation wachsen kann, damit aus dem kleinen kein großer Konflikt wird, und gehen Sie die Situation rechtzeitig an.
- Machen Sie sich Interpretationsfallen bewusst und stoppen Sie sie bzw. hinterfragen Sie sie. Ist der Kollege wirklich „faul", die Mitarbeitern „unfähig" und der Kunde „unzuverlässig"? Hinterfragen Sie Ihre Interpretationen, bevor sie diese als „richtig" erachten.

Streiten Sie doch!

Sofern Sie wirklich streiten wollen – und erst dann lohnt sich die Beschäftigung mit den folgenden Schritten –, kann gut ausgetragener Streit wunderbar sein, denn nicht viele Situationen bergen so viel Potenzial: für sich, alle beteiligten Menschen, das Team, ganze Abteilungen und Unternehmen. Richtiges Streiten ist nicht einfach eine Technik, sondern eine Einstellung, die, gemeinsam mit der richtigen Gesprächsführung, ganz wunderbare Lösungen zum Vorschein bringt. Erst wenn die eigene Einstellung, Glaubenssätze und Ängste sichtbar sind, ist dies die beste Basis, damit in Zukunft anders und besser gestritten werden kann. Das heißt nicht, dass Ängste und Glaubenssätze nicht mehr vorhanden sind, sondern dass alle Beteiligten gelernt haben, sich nicht mehr von ihnen lähmen zu lassen,

Die wichtigste Person in einem Konflikt sind Sie – und nachdem Sie sich genügend Aufmerksamkeit geschenkt haben, geht es nun direkt ans „Eingemachte". Wenn Sie in Zukunft Ihr Verhalten optimieren möchten, hier der Tipp, der gar nicht oft genug wiederholt werden kann:

> Fangen Sie bei kleinen Situationen an, vielleicht auch außerhalb des Büros, und beobachten Sie die Reaktio'nen Ihres Umfeldes. **!**

Je unbekannter Ihnen diese Reaktionen erscheinen, desto größer ist die Wahrscheinlichkeit, dass Sie sich bereits anders verhalten. Wie gefallen Ihnen die Reaktionen? Halten Sie so viel, wie es Ihnen möglich ist, schriftlich fest,

damit Sie später auf diese Erfahrung zurückgreifen können – für den Fall, dass Sie nicht mehr an diese Situation
denken. Am Anfang des Buches konnten Sie lesen, wie
die eine Seite der Konfliktmedaille definiert ist, hier nun
weitere Blicke auf die andere Seite, der viel Positives abzugewinnen ist:

> In gute Dialoge investiert man Zeit, in die schlechten
> nur Nerven!

Diese Punkte sollten Sie generell beachten, wenn Sie ein
Konfliktgespräch führen wollen:

▸ Wenn möglich, führen Sie das Gespräch immer unter
  vier Augen, bzw. nur mit den Personen, die beteiligt
  sind. Publikum ist nicht erwünscht, womit klar ist, dass
  dieses Treffen weder in der Kantine noch auf dem Flur
  stattfinden sollte. Was aber manchmal wahre Wunder
  wirken kann, ist ein Ortswechsel: Ein gemeinsamer Spaziergang hat schon so manche Streithähne in Frieden zurückkehren lassen. Wenn ein persönliches Treffen nicht
  möglich ist, greifen Sie zum Telefonhörer. Die schriftliche
  Kommunikation, z. B. E-Mails, sollten Sie, wenn möglich,
  komplett meiden, dies führt meistens nur zu noch mehr
  Missverständnissen und Interpretationsfallen.

▸ Vereinbaren Sie mit Ihrem Gesprächspartner einen Termin und kündigen an, worüber Sie sprechen möchten.
  So haben nicht nur alle die Möglichkeit, sich auf das Gespräch vorzubereiten, sondern können sich auch Zeit
  und Ruhe nehmen.

▸ **Lassen Sie das Gespräch während der normalen Arbeits-zeit stattfinden,** die Abendstunden sollten möglichst nicht für diese Art von Gesprächen genutzt werden.

▸ **Bereiten Sie sich auf das Gespräch vor:** Was ist das Pro-blem, was wollen Sie klären, welche Punkte müssen un-bedingt besprochen werden? Achten Sie darauf, dass die Agenda übersichtlich bleibt. Zu viele Punkte in einem angespannten Dialog sorgen nur für zusätzliche Verwir-rung.

▸ **Nehmen Sie eine positive Grundhaltung ein:** Vielleicht haben Sie sich schon das ein oder andere Wortgefecht geliefert, die ersten Vorwürfe sind bereits gefallen und die Stimmung ist nicht mehr ganz so gut. Konzentrieren Sie sich – und je kleiner die Streitsituation, desto besser ist das möglich – auf das Wesentliche, den Kern. Lassen Sie spitzfindige Bemerkungen möglichst an ihnen vorbei-fliegen, während Sie selbst bei sich darauf achten, diese nicht zu senden. In eine gute Grundstimmung mit Ihrem Gegenüber kommen Sie vielleicht auch, wenn Sie sich kurz vor dem Gespräch erinnern, was Ihnen an der Per-son gefällt, was Sie bisher an der Zusammenarbeit be-sonders gut fanden. Wenn Sie mögen, können Sie dies selbstverständlich auch der Person zum Einstieg in das Gespräch sagen, jedoch: Machen Sie das wirklich nur, wenn es ehrlich gemeint ist. Wenn Sie in einer Streit-situation loben, nur um gute Stimmung zu verbreiten, merkt Ihr Gegenüber das meistens nicht nur sofort, son-dern das ist auch Manipulation. Und selbst wenn dieses Verhalten kurzfristig leichter zu sein scheint, ist es weder ehrlich noch hat es etwas mit guter Kommunikation zu tun. Verzichten Sie auf Spielchen – das führt langfristig nicht ans Ziel.

▸ Ruhe. Sorgen Sie dafür, dass Sie in einer ruhigen Grundstimmung sind, selbst wenn Sie innerlich aufgewühlt sind. Vieles ist zu klären und da Sie das Gespräch führen wollen und den Dialog suchen, sind Sie doch auf einem sehr guten Weg!

▸ Wortspiele. Andeutungen, Verallgemeinerungen, Um-den-heißen-Brei-Herumreden, Schluss damit. Die Karten gehören auf den Tisch: respektvoll, oberhalb der Gürtellinie, mit Beobachtungen, ohne Interpretationen, ohne Drohungen oder Manipulation.

▸ Ihr Gegenüber. Vielleicht hat sich die Person noch nicht so sehr mit dem Thema Konflikte beschäftigt wie Sie, ist gefangen im Vorwurfsdrama oder im eigenen Gefühlschaos. Wo auch immer Sie können, versuchen Sie tolerant zu sein, ohne dabei Ihre eigene Grenze überschreiten zu lassen. Mit der Zeit werden Sie ein immer besseres Gespür für sich bekommen, was Ihnen wichtig ist. Vertrauen Sie sich. Dies gelingt umso besser, je mehr Sie sich vorab Zeit für sich selbst genommen haben.

▸ Bleiben Sie in der Gegenwart. Je aktueller der Konflikt, desto leichter ist es, ihn zu klären – daher immer wieder: Klären Sie, so schnell es geht. Die Situation vor sechs Monaten sollte nur angesprochen werden, wenn sie wirklich direkten Einfluss auf den aktuellen Zustand hat.

Bei einem Konfliktgespräch gibt es einige Punkte, an denen ein Dialog – wenn er nicht mit Moderator geführt wird –immer wieder scheitert. Hier die wichtigsten auf einen

Blick. Achten Sie darauf, dass sie von allen Anwesenden eingehalten werden:

▶ Unterbrechungen: Vereinbaren Sie mit Ihrem Gesprächspartner, dass Sie sich gegenseitig ausreden lassen und nicht unterbrechen. Eine Regel, die *eigentlich* normal sein sollte, besonders im Streit jedoch kaum Beachtung findet.

▶ Zuhören: Je ruhiger Sie selbst sind, desto präsenter können Sie sein, was auch bedeutet, dass Sie Ihrem Gegenüber zuhören können.

▶ Vorwürfe und Schuldzuweisungen: Sehr beliebt, sich gegenseitig zu erklären, wer genau nun an dieser Situation die Schuld trägt und wer welche Fehler gemacht hat. Halten Sie solche Aussagen möglichst in Grenzen – im besten Fall verzichten Sie ganz darauf.

▶ „Immer", „dauernd" und „ständig" sind gern gewählte Begriffe, die verallgemeinern oder dem Gegenüber klar machen sollen, dass er „nie" etwas richtig macht und „endlich" mal richtig arbeiten soll. Behalten Sie diese Gedanken lieber für sich, damit die Situation nicht eskaliert.

Was ist hier los?

„Irgendwie komische Stimmung" oder „Keine Ahnung, was mein Kollege hat" sind erste Gedanken, die Sie bemerken werden. Weiter geht es zum Beispiel mit: „Seit Tagen ist Herr Franz schon komisch und beachtet mich nicht" oder „Ich habe keine Ahnung, warum unsere Zusammenarbeit plötzlich so schwierig ist, früher war das anders". Mit dem, was Sie bereits gelesen haben, wissen Sie nun, dass es sein kann, dass sich hier Situationen anbahnen, die schwierig werden können.

Freuen Sie sich in Zukunft, wenn Sie diese kleinen Anzeichen erkennen und bereit sind, sich der Situation zu stellen. Damit tragen Sie zu einem erheblichen Teil zu einer guten Stimmung im Team oder in der Abteilung bei, machen Sie sich das bewusst! Sie sind kein Bösewicht, der auf der Suche nach Fehlern und Schuldigen ist, sondern sorgen durch konstruktive und frühzeitige Klärung dafür, dass Chancen für die gemeinsame Weiterentwicklung genutzt werden. Die beste aller Möglichkeiten um den Dialog zu starten ist:

Fragen stellen, um Antworten zu bekommen

Es ist eine Sache, dem Gegenüber Fragen zu stellen, in dem Glauben, man wisse die Antworten bereits und signalisiere auf diesem Weg Kommunikationsbereitschaft. Es ist eine andere Sache, interessiert Fragen zu stellen und neugierig auf die Antworten zu sein. Das eine nennt man Taktik, das andere Offenheit und die Fähigkeit zum Dialog.

Sofern Sie sich um sich selbst gekümmert haben und dies auch weiterhin tun, werden Sie damit keine Probleme haben. In Kombination mit der Tatsache, dass es nur eine kleine Störsituation ist, sollten Sie auch keine Schwierigkeiten haben, Ihrem Gesprächspartner zuzuhören zu können. Fragen eröffnen den Dialog, fördern eine Beziehung und erzeugen beim Gegenüber meistens das Gefühl, beachtet zu werden und Gehör zu finden. Gute Fragen zeichnen sich u. a. durch folgende Punkte aus:

▸ Frageform: Besonders in Konfliktsituationen ist es hilfreich, offene Fragen zu stellen, damit Sie möglichst viele Informationen erhalten, im besten Fall auch die, die der Gesprächspartner bisher unerwähnt gelassen hat, weil er sie z. B. als selbstverständlich erachtet hat. Offene Fragen werden auch die „W-Fragen" genannt, daher starten sie immer mit „Wie, was, wann, wieso, weshalb oder welche". „Welche Vorteile sehen Sie in diesem Vorgehen?" oder „Weshalb ist es für Sie wichtig, dass wir dieses Projekt so umsetzen?" sind eröffnende Fragen, mit denen Sie Bereitschaft zur Lösung signalisieren und gleichzeitig Informationen erhalten. Hinterfragen Sie, ob das, was Sie gehört haben, auch wirklich stimmt: „Herr Kollege, bei mir ist angekommen, dass Sie unzufrieden mit unserer Zusammenarbeit sind, ist das richtig?"

▸ Wenn Sie Zusammenhänge nicht verstehen, bitten Sie Ihr Gegenüber, diese zu wiederholen.

▸ Fassen Sie zusammen, was bei Ihnen angekommen ist und fragen Sie nach, ob dies so richtig ist.

Fragen öffnen meistens Türen, in jeder Situation, besonders wenn es droht, brenzlig zu werden, sicher, wenn die Streitsituation noch klein ist.

In vier Schritten die Karten auf den Tisch legen

Herzlichen Glückwunsch! Sie sitzen mit Ihrem Konfliktpartner an einem Tisch, haben sich beide Zeit genommen,
sind positiv gestimmt und nun heißt es: Farbe bekennen.
Damit das richtig gut klappt, ist meine Empfehlung:

> **!** Gehen Sie den Weg der kleinen Schritte.

Der ist nicht immer beliebt, aber besonders am Anfang ist
er relativ sicher. Ein weiterer Vorteil ist, dass schnell festgestellt werden kann, an welchem Punkt der Dialog hakt,
den man dann anders bzw. neu aufrollen sollte.

▸ Beobachtung: „Herr Meyer, ich habe festgestellt, dass
  wir beide in den letzten zwei Wochen zunehmend in
  unsere Projekte eingespannt waren. Dadurch hat sich
  unsere schriftliche Kommunikation erhöht, aber unsere
  Gespräche sind weniger geworden. Dies bedaure ich, da
  ich den persönlichen Austausch mit Ihnen sehr schätze."

▸ Dialog eröffnen: „Wie sehen Sie das?" (Offene Frage,
  Herr Meyer fühlt sich zum Dialog eingeladen.)

▸ Eigenes Interesse: „Die fehlenden Gespräche mit Ihnen
  haben mir gezeigt, dass ich nicht mehr darüber infor-
  miert bin, wie der Stand im Projekt X ist. Das hat bei
  mir nicht nur zu großer Verunsicherung geführt, sondern
  auch dazu, dass ich Herrn Schulz gestern keine Auskunft
  geben konnte, als er von mir einen Zwischenbericht
  wollte. Das war mir sehr unangenehm."

▸ Dialog ermöglichen: „Können Sie das nachvollziehen und verstehen Sie meine Situation?" (Der Gesprächspartner bekommt hier erneut die Möglichkeit, seine Sicht darzustellen.)

▸ Ziel und Lösungsvorschlag: „Mein Wunsch ist es daher, dass ich trotz des erhöhten Arbeitsaufkommens bei uns beiden, auf dem aktuellen Stand bleiben möchte. Eine meiner Lösungsideen ist daher, dass wir uns mittwochs um 08.30 Uhr zu einer kurzen Besprechung in Ihrem oder meinem Büro treffen."

▸ Dialog ermöglichen: „Was halten Sie davon?"

Wenn Sie nun denken „So einfach ist das aber in Wirklichkeit nicht", dann liegt das vermutlich daran, dass Sie es noch nicht ausprobiert haben. Im letzten Kapitel des Buches lesen Sie weitere Beispiele, bei denen das Gespräch zunächst nicht ganz so vorbildlich läuft wie hier, da die Eskalation schon weiter fortgeschritten ist.

Aber in der Tat kann es so leicht sein! Ein wenig Übung vorausgesetzt, besonders aber den Willen, den Konflikt zu klären. Und wenn im besten Fall der Gesprächspartner das auch noch so sieht, kann die Zusammenarbeit bald wieder gut sein.

> Um Ihrem Gegenüber zu signalisieren, dass es um eine Konfliktklärung geht und nicht um die Suche eines Schuldigen, nutzen Sie zum Beispiel folgende Worte, die verbinden: „wir", „uns/unsere", „gemeinsam" oder „zusammen".

Das Grundgerüst eines Konfliktdialogs ist zusammenge-
fasst:

Grundgerüst eines Konfliktdialogs

- *Beobachtung*
- *Interesse*
- *Ziel*
- *Lösungsvorschlag*

Zwischen den einzelnen Schritten: offene und „verbindende" Fragen, wie zum Beispiel:

▸ Was halten Sie davon?

▸ Wie ist Ihre Meinung dazu?

▸ Ist dies auch in Ihrem Sinne?

▸ Gibt es andere Lösungen, die Ihnen lieber sind?

▸ Welche Alternativen fallen Ihnen ein?

Wer fragt, der führt. Wenig wirkt schlichtender, konstruk-
tiver und auf die Gegenseite entspannender als Fragen,
die aus einem ehrlichen Interesse heraus gestellt werden,
deren Antworten verstanden und in die eigenen Gedanken und Lösungen eingeflochten werden.

Stellen Sie sich umgekehrt vor, wenn Sie, wenig gesprächsbereit, von Ihrem Gegenüber ehrlich nach Ihrer Meinung,
Bedürfnissen, Lösungen und Vorschlägen gefragt werden.
Sie, und damit auch Ihre Antworten und Sichtweisen, werden entspannter und gelassener, was in Streitsituationen
die beste Einleitung für eine gemeinsam gefundene Klärung ist.

Ich-Formulierungen, Tonfall und andere Kleinigkeiten

Oft wird geraten, in einem Streit die „Ich-Formulierung" zu nutzen. Statt „Sie haben einen Fehler gemacht!" lieber „Ich stimme mit Ihrer Vorgehensweise nicht überein". Klingt perfekt auf dem Papier und ist es auch in der Realität, wenn Sie es so meinen, empfinden und es nicht als Technik nutzen.

Und hier beißt sich nun die Katze in den Schwanz: Solange Sie Ratgeber zum Thema Konflikte lesen, die Tipps und Regeln befolgen, diese aber nicht das sind, was Sie wirklich meinen und zum Ausdruck bringen wollen, werden Sie weder richtig streiten können, noch kauft Ihnen Ihr Gegenüber Ihre Aussagen ab. Menschen haben ein feines Gespür, wann das Gegenüber echt kommuniziert, genau dies sollte man auch nutzen! Bei einem richtigen Streit geht es nicht um Technik, die lediglich zur Manipulation unseres Gegenübers dient, sondern um das Vertreten einer Haltung und das Äußern der eigenen Meinung. Und ja, man tut sich und der Streitsituation sehr sicher einen Gefallen, wenn man sagt: „Ich bin sauer" oder „Ich ärgere mich, dass wir das Projekt jetzt verloren haben", aber im Notfall gilt immer:

> Klarheit vor Schönheit! **!**

Stabile Arbeitsbeziehungen zu Kollegen und Vorgesetzten halten es aus, wenn man seinem Ärger Luft macht, mit der Einschränkung, dass man oberhalb der Gürtellinie bleibt. Ein „Das ist doch Mist, dass wir hier nicht auf einen Nenner kommen" oder „Es ist nervig, dass wir uns ständig im Kreis drehen" bricht keinem das Genick.

Aber wo genau ist denn die Gürtellinie? Sicher darunter landen Sie mit Äußerungen wie „Sie sind ein Idiot!", „Nie machen Sie etwas richtig!" oder „Können Sie noch etwas anderes außer Fehler machen?". Sätze dieser Art dienen lediglich dazu, den anderen in die Ecke zu drängen oder ihn bloßzustellen.

Sie sehen, es ist ein schmaler Weg zwischen der Äußerung von Wut und Beleidigungen. Schauen Sie auf vergangene Konfliktsituationen und überlegen Sie, wie Sie bisher reagiert haben.

Im Prinzip gibt es zwei Typen. Die einen machen sich schnell Luft, die anderen fressen alles in sich hinein:

Gehören Sie zu dem Typ, der schnell seiner Meinung und Wut Ausdruck verleiht, und haben die Erfahrung gemacht, dass dies für eine Konfliktsituation nicht besonders hilfreich ist? Wenn Sie dies ändern wollen, überlegen Sie sich Mechanismen, die Sie in dem Moment stoppen. Im Kapitel „Der Konflikt ist das Symptom – was steht dahinter?" finden Sie weitere Tipps. Hier eine kleine Auswahl – sicher fallen Ihnen dabei weitere Punkte ein, notieren Sie sich diese.

▸ Bitten Sie um eine Auszeit. Ein Satz wie „Ich möchte darüber nachdenken, verschieben wir bitte das Thema auf (nennen Sie einen konkreten Termin), ist das in Ordnung für Sie?" kann dies einleiten.

▸ Wenn Sie nur ein paar Minuten Bedenkzeit benötigen, sagen Sie dies Ihrem Gegenüber und gehen z. B. auf die Toilette, um sich die Hände zu waschen, an die frische Luft oder machen etwas, was Ihnen ermöglicht, sich zu sammeln und zur Ruhe zu kommen.

Wenn Sie eher zu den Menschen zählen, die immer „richtig" handeln wollen und Emotionen gerne außen vor lassen bzw. sie lieber nicht zeigen, gleichzeitig aber merken, dass Sie auf Dauer den Kürzeren ziehen:

▸ Denken Sie an vergangene Konfliktsituationen und überlegen Sie sich, was Sie davon abhält, ein wenig mehr von sich preiszugeben. Was befürchten Sie? (Die Kapitel „Ohne Konflikte geht es nicht" und „Der Konflikt ist das Symptom – was steht dahinter?" sind hierbei eine Gedankenstütze.)

▸ Kommunikation sollte immer stimmig sein, erst dann können gute Ergebnisse erzielt werden. Notieren Sie sich, was Sie Ihrem Kollegen gerne wirklich sagen würden.

Vorwürfe sind versteckte Botschaften!

„Sie sind diese Woche jeden Tag eine halbe Stunde zu spät im Büro erschienen!" oder „Sind Sie sicher, dass Sie in diesem Unternehmen richtig sind?" sind Aussagen, die zwar Ihrem Gefühl entsprechen mögen, doch im Dialog dienen sie lediglich dazu, die Emotionen hochzuschaukeln, ohne dass eine Lösung erzielt wird.

Sagen Sie doch direkt, was Sie wirklich meinen: „Ich möchte, dass Sie pünktlich zur Arbeit erscheinen, weil es mir

wichtig ist, dass wir bis Büroschluss unsere Aufgaben erledigt haben" oder „Mein Eindruck ist, dass wir noch ge-
nauer über Ihre Aufgaben hier im Unternehmen sprechen
sollten, wann haben Sie Zeit für ein Gespräch?". Vorwürfe
sind ideale Hinweise auf unsere Gedanken und Eindrücke,
wenn man sie erkennt und in eine klare Sprache umwan-
delt. Denn hinter einem Vorwurf steht immer ein unerfülltes Bedürfnis und dieses direkt und klar zu formulieren
macht es oft für den Konfliktpartner sehr viel leichter, auf
uns einzugehen. Um dies zu erreichen, bedarf es jedoch
der eigenen Klarheit über das, was man *wirklich* sagen
möchte. Die andere Seite:

Wenn Sie einen Vorwurf hören und nicht direkt mit dem
Gegenangriff starten wollen, überlegen Sie sich, was Ihr
Gesprächspartner Ihnen wirklich sagen möchte. Die optimale Reaktion ist an dieser Stelle: „Sie sind gerade richtig sauer, weil Sie das Gefühl haben, dass ich Sie nicht
unterstütze, richtig?" Ihr Gegenüber wird Ihnen vermutlich
zustimmen und sich gleichzeitig verstanden fühlen, somit
kann der Dialog in Ruhe weitergeführt werden.

Wut und Ärger im Berufsleben zu äußern ist absolut in
Ordnung, solange die Dosierung stimmt. Gefühle dienen
auch dazu, klar zu signalisieren, was uns wichtig ist und
wo die eigene Grenze überschritten wurde. Sie sind Leitplanken im täglichen Miteinander, sofern man sie ernst
nimmt, dazu steht und die richtige Formulierung findet,
die dem Gesprächspartner klar macht, worum es einem
wirklich geht.

Die Schuldfrage

Wer war es denn nun, der die Informationen nicht an alle Empfänger schickte? Wer hat vergessen, den Kollegen zu informieren, dass die Besprechung um 15.00 Uhr statt 16.00 Uhr anfängt? Und wer hat es wieder mal verschusselt, der Personalabteilung die Urlaubsdaten zu mailen?

Auf der Suche nach einem Schuldigen fühlen sich Menschen wohl. Schließlich wurde ein Fehler gemacht, was eine Bestrafung zur Folge haben muss – und im besten Fall ist der Kollege betroffen, der bereits vor zwei Monaten den Termin verschlampt hat. Menschen auf der Suche nach einem Schuldigen sind erfinderisch: „Ist es nicht merkwürdig, dass ausgerechnet Herr Meyer nun die Abteilung wechselt, nachdem er doch so viel falsch gemacht hat in den letzten Wochen? Vermutlich wird er nicht mehr lange im Unternehmen bleiben, das hält doch keiner lange mit ihm aus, schließlich war auch er es, der ...". Fehler in Verbindung mit aufkeimenden Gerüchten – schon ist nicht nur endlich der Schuldige gefunden, sondern man kann seinem – vielleicht berechtigten (schließlich wurden Fehler gemacht) – Unmut freien Lauf lassen. In Abteilungen oder Teams, in denen so gesprochen wird, kann man vermutlich nur froh sein, wenn nicht bekannt wird, dass man letzte Woche selbst vergessen hat, die Mappe an den Kollegen weiterzuleiten, aber das war nur ein Versehen.

> Lassen Sie die Schuldfrage wo sie hingehört: im Mülleimer. Es bringt nichts, ihn zu durchwühlen, außer weiteren Dreck.

Die andere Seite: Wenn andere Menschen sich in Streitsituationen auf die „Wer hat den Fehler gemacht?"-Su-
che begeben, fragen Sie doch mal nach, wem es nutzt.
Die Antworten können einen guten Einstieg bieten, um
dem wahren Problem auf die Spur zu kommen, das vermutlich noch in einer Ecke steht und nicht beachtet wird.

Es passiert leider auch immer wieder, dass sogenann-
te Killerphrasen benutzt werden: „Das bringt doch alles
nichts", „Das ist reine Theorie, das funktioniert in der Praxis niemals" oder „Reden bringt nun auch nichts mehr"
ist schnell daher gesagt, besonders wenn die Gegenseite
vielleicht Angst vor Konflikten hat. Nicht selten sind diese
Sätze aber auch erlernte Reaktionen, über die sich derje-
nige, der sie zeigt, keine Gedanken mehr macht.

> **!** Wichtig: Lassen Sie sich möglichst nicht in die Ecke
> drängen, eine Verteidigung ist sinnlos und gibt nur
> noch mehr Zündstoff.

Hier die besten Möglichkeiten, um zu reagieren:

▸ Hinterfragen Sie: „Herr Müller, welche Argumente benötigen Sie, damit Sie meinen Vorschlag überdenken?"

▸ Weitere Argumente: „Herr Schmidt, nachdem Ihnen die
  Vorteile A, B und C nicht reichen, erklären Sie mir doch
  bitte, wann die Lösungen Ihrer Meinung nach zu realisieren sind!"

▸ Ignorieren: Nicht leicht, aber wenn Ihr Gegenüber nach
  der dritten Floskel versteht, dass Sie nicht reagieren, wird
  er meistens aufhören – Sie müssen nur lange genug ignorieren.

Hören Sie hin, sonst macht der andere zu

Richtiges Hinhören kann geübt werden und ist besonders in Konfliktsituationen ein sehr wichtiger Schlüssel zur Lösung, allerdings auch die Königsdisziplin.

Zunächst ist es sehr wichtig, dass Sie selbst zur Ruhe kommen, denn Zuhören beinhaltet die Bereitschaft, sich völlig auf das Gegenüber einzulassen. Im Kapitel „Die wichtigste Person in einem Konflikt" haben Sie überlegt, was Sie brauchen, vielleicht fallen Ihnen in diesem Zusammenhang noch weitere Punkte ein.

Zuhören heißt auch: Eigene Gedanken, Interpretationen, Gefühle, Erfahrungen und Glaubenssätze stehen nicht zur Debatte und bleiben außen vor. Vorwürfe werden als solche nicht gehört, sondern hinterfragt und man begibt sich für eine Zeit komplett auf den Stuhl des Redenden. Aktives Zuhören bedeutet auch, dass Sie den anderen reden lassen. Wem je richtig zugehört wurde, weiß, welches Geschenk man in diesen Minuten erhält, wer bereit ist, selbst zu schenken, sollte folgende Punkte beachten.

▸ Reden lassen! Lassen Sie Ihr Gegenüber sprechen, sich verbal verlaufen, von A nach U kommen, sich im Kreis drehen und wieder zurück zum Start gehen. Zuhören heißt manchmal nichts anderes, als den Raum zu schaffen, damit der andere Gedanken und Gefühle laut äußern kann, ohne verurteilt oder angegriffen zu werden.

▸ Fragen: Hinterfragen Sie Worte oder Aussagen. „Ich habe alles unternommen, aber ich hatte nicht den Eindruck, dass Sie mich verstehen." „Was genau meinen

Sie mit ‚alles'?" Bauen Sie Ihrem Gegenüber Brücken der Verständigung und des Verstehens.

▸ **Augen verdrehen, abwertende Gesten und nervöse Bewegungen auf dem Stuhl sind fehl am Platz.** Körpersprache kann verräterisch sein. Zuhören ist kein Mittel zum Zweck, es dient als Mosaikstein auf dem Weg zur konstruktiven Konfliktlösung. Wenn Sie ihn nutzen, dann aus einem ehrlichen Interesse heraus. Stellen Sie sicher, dass Ihr Körper das aussagt, was Sie vermitteln möchten.

▸ **Nehmen Sie sich Zeit:** Gutes Zuhören findet in einem entspannten Rahmen statt, was auch den Zeitrahmen betrifft. Ist dieser momentan nicht gegeben, verabreden Sie sich zu einem späteren Zeitpunkt.

▸ **Pausen und Ruhe:** Ihr Gegenüber öffnet sich und Sie werden merken, wie nach einer gewissen Zeit häufiger Pausen eintreten. Zum einen, weil dies ein Zeichen dafür sein kann, dass die Anspannung nun raus ist, aber auch weil man diese Pausen benötigt, um nachzudenken – im besten Fall, weil zum Beispiel die richtigen Fragen gestellt wurden! Halten Sie diese Ruhe aus und reden Sie nicht dazwischen. Pausen im Gespräch können sehr gute Zeichen sein, dass der Lösungsweg eingeschlagen wurde.

▸ **Der eigene Redeanteil:** Sie sind Zuhörer und damit ist der eigene Redeanteil gering. Fassen Sie sich kurz, wenn Sie reden.

▸ **Zuhören bedeutet, dass man die Meinung des Gegenübers respektiert.** Es heißt nicht, dass man sie akzeptiert. Einspruch und Widerworte sind daher nicht angebracht.

▸ **Haben Sie Geduld!** Ihr Gegenüber wird sich vielleicht wiederholen oder in Widersprüche verstricken. Unterstellen Sie keine bösen Absichten, sondern gehen Sie davon aus, dass viele Menschen es nicht gewohnt sind, „laut zu denken". Und nichts anderes macht man, wenn wir einem Menschen gegenübersitzen, der uns seine Aufmerksamkeit und Zeit schenkt: Es wird ungefiltert nachgedacht. Nehmen Sie es als Kompliment, wenn Sie es schaffen, dass andere Menschen sich öffnen.

▸ **Vertraulichkeit:** Gute Zuhörer sind Geheimnisträger, denn nicht selten kommt es vor, dass andere ihr Innerstes in das Gespräch tragen. Es ist selbstverständlich, dass keine Informationen nach außen gelangen.

Wer gut zuhören kann, leistet einen enorm großen Beitrag zu einer konstruktiven Konfliktklärung – nutzen Sie dieses Mittel.

Betreten Sie jedoch dabei bitte nicht folgende Fallen:

▸ Missbrauch des Gehörten: Was Sie hören, ist nur für Ihre Ohren bestimmt und darf auf keinen Fall benutzt werden, um den Konfliktpartner zu manipulieren.

▸ Vertrauen missbrauchen: Täuschen Sie kein Interesse vor und verwenden dann die Äußerungen Ihres Gegenübers gegen ihn.

▸ Lösungssuche: Zuhören dient besonders dazu, eine gemeinsame Basis zu finden, ein Miteinander zu fördern. Nicht zwingend ist erforderlich, dass es hier direkt eine Lösung für das Problem gibt.

Fragen, fragen, fragen

Konflikte sind oft geprägt von Missverständnissen, Interpretationen und dem Glauben, man wisse, was der andere wolle. Sofern man den Abwärtstrend im Dialog vermeiden oder stoppen möchte, ist es wichtig, dem Gegenüber Fragen zu stellen.

Dies geht anfangs, wie bereits erwähnt, besonders gut mit den offenen Fragen, bei denen im Gegensatz zu geschlossenen Fragen, nicht mit Ja oder Nein geantwortet werden kann, was die Gesprächsbereitschaft des Gegenübers fördert, ihm selbst eine hilfreiche Unterstützung im eigenen Konfliktchaos ist und gleichzeitig das eigene Interesse signalisiert.

> *Beispiele:*
>
> *– Welches ist der wichtigste Punkt für Sie heute?*
>
> *– Wie ist es Ihnen seit unserem Gespräch ergangen?*
>
> *– Was ist das zu lösende Problem?*
>
> *– Woran werden Sie merken, dass das Problem gelöst sein wird?*
>
> *– Welche Frage sollten wir Ihrer Meinung nach noch klären?*

Wichtig ist, dass Sie keine der Antworten als Vorwürfe oder Kritik hören. Doch was sich jetzt leicht liest, ist morgen im Büroalltag schwer umzusetzen. Genau dann wird zum Tragen kommen, ob Sie in der Vorbereitung für sich alles geklärt haben, ob Sie für sich sorgen konnten und ob Sie den echten Wunsch haben, diesen Konflikt zu stoppen und zu klären.

Wenn Sie bemerken, dass Ihnen das noch nicht so gelingt, wie Sie es sich vorstellen, seien Sie geduldig mit sich. Das eigene Konfliktverhalten zu verändern ist ein Weg, der nicht innerhalb von wenigen Stunden direkt an das erwünschte Ziel führt. Den meisten Menschen gelingt es oft nicht, Emotionen und Sachlichkeit auseinander zu halten, daher sind es meistens die eigenen Gefühle, die auf dem Weg der Konfliktlösung stören. Nach dem vorangegangenem Kapitel wissen Sie aber nun, das es einen Konflikt ohne Emotion zunächst nicht gibt. Beachten Sie daher,

▸ was in Ihnen vorgeht,

▸ was Sie benötigen,

▸ was Sie interpretieren

und lesen ggf. erneut das Kapitel „Die wichtigste Person in einem Konflikt sind Sie" (Seite 45).

Auf den Punkt gebracht

– Richtig streiten kann ein Motor der Entwicklung und positiven Veränderung sein.
– Vorwürfe und die Suche nach einem Schuldigen sollten vermieden werden.
– Hinhören und Fragen gelten als wichtige Schlüssel in einer Konfliktsituation, nachdem Sie sich selbst Aufmerksamkeit geschenkt haben.
– Bevor Sie Regeln verwenden, die Ihnen noch nicht vertraut sind und lediglich der Manipulation dienen, gilt immer: Klarheit vor Schönheit. Das birgt ein gewisses Risiko – ist man sich dessen jedoch bewusst, ist das ehrlicher als jede Technik.

Ausgesprochen schwierig, unausgesprochen eine Katastrophe

Wer die Aussage der Überschrift verinnerlicht hat, versteht, dass vermutlich ein Großteil der Konflikte gar nicht erst so weit hätte eskalieren müssen – und wird es in Zukunft anders und besser machen. Miteinander reden kann enorm anstrengend sein, aber solange alle Beteiligten dies noch tun, ist längst nicht alles verloren. Der Verhaltensforscher Konrad Lorenz brachte es auf den Punkt:

> *„Gesagt heißt nicht immer gehört, gehört heißt nicht immer verstanden. Verstanden heißt nicht immer einverstanden, einverstanden heißt nicht immer angewendet. Angewendet heißt nicht immer beibehalten."*

Absprachen werden nicht eingehalten, man fühlt sich nicht verstanden, ist ratlos. „Störfaktoren", die die Lösungsfindung in einer Konfliktsituation erschweren, sind so vielfältig wie die Menschen selbst. Man kann nicht alle kennen, auf sie eingehen, verstehen, weder Menschen noch Faktoren, man kann jedoch mit Übung selbst sehr viel dazu beitragen, dass man sich wenigstens über seine eigenen Eigenschaften und Blockaden im Klaren ist.

Auch dies bedeutet Verantwortung zu übernehmen, Position zu beziehen und für sich einzustehen. Die Erkenntnis führt zwar nicht auch zwangsläufig dazu, dass Glaubenssätze oder negative Einstellungen sich auflösen, aber sie ist der erste Schritt, um die eigenen Hindernisse in Zukunft aus dem Weg zu räumen und nur für die ist jeder in letzter Konsequenz verantwortlich. Ausgesprochen schwierig sind Gespräche, in denen nicht miteinander gesprochen, dafür aber viel gesagt wird, doch mit ein bisschen Übung wird es oft leichter, sich klar und unmissverständlich auszudrücken. Negative Ereignisse oder Missverständnisse, die unausgesprochen bleiben, führen bald in einen großen Konflikt.

Es ist alles gesagt. Das Drama fängt jetzt richtig an?!

Die Fakten und Emotionen liegen auf dem Tisch, jeder kam zu Wort, die Lage ist klar, aber die Konfliktspirale wurde nicht aufgehalten, sondern noch verschlimmert. Der Weg nach unten geht über Verletzungen und Vorwürfe auf beiden Seiten. Man kann den Weg nicht stoppen, keiner kann wirklich aufhören und so geht es weiter. Die Situation ist vermutlich schon älter, die Ereignisse haben sich in Wochen oder Monaten angesammelt und nun, da man versucht hat sich auszusprechen, ist es schlimmer als in den Zeiten, in denen man sich halbwegs bemüht hat, irgendwie miteinander klarzukommen und die Störfaktoren zu vertuschen oder zu ignorieren.

Ist die Situation nun wirklich schlimmer geworden? Oder ist es nicht eher so, dass aus einem schwelenden Konflikt, der die ganze Zeit bereits anwesend war und Energie und Nerven geraubt hat, nun ein sichtbarer Konflikt geworden ist? In vielen Fällen wird Letzteres der Fall sein, doch wie können Sie nun handeln?

▸ Geben Sie sich Zeit! Konflikte entstehen nicht von jetzt auf gleich und die Lösung ist nicht immer gleich zu spüren. Zu viel ist passiert, fehlendes Vertrauen und Angst können eine Rolle spielen. Gestatten Sie sich, dass nach lang anhaltenden Streitsituationen die Ruhe ein wenig auf sich warten lässt und:

▸ Reden und fragen Sie.

– Ist wirklich alles geklärt oder bedarf es weiterer Gespräche?

– Woran sehen Sie, dass das Verhältnis noch nicht wiederhergestellt ist? Keine Bewertung!

– Was fehlt Ihnen und was Ihrem Gegenüber?

Mein Gegenüber versteht mich nicht

Keiner versteht den anderen

Herr Meyer und Frau Schmidt haben nach Monaten des Streits das Gespräch aufgenommen, sich ausgetauscht, Fragen gestellt und gemeinsam Antworten gesucht. Beide möchten den Konflikt klären, doch immer wieder geraten sie an Grenzen: Es fallen erneut Vorwürfe, der Dialog wird unterbrochen und beide sind unzufrieden mit der aktuellen Situation. Geredet, Fragen gestellt, zugehört, nicht interpretiert doch der Konflikt ist immer noch präsent. Beide sagen über den jeweils anderen: „Ich kann machen was ich will, mein Gesprächspartner versteht mich nicht."

Keine Lösung in Sicht!? Wenn alle den Streit wirklich beilegen wollen, beantwortet jeder folgende Fragen für sich:

▸ Woran würden Sie merken, dass Sie verstanden werden? Und woran noch?

Notieren Sie sich, was genau Sie benötigen. Gar nicht selten kommt es vor, dass es einfach nur ein Gefühl ist, dass der Konflikt noch nicht geklärt ist, man gleichzeitig auch nicht weiß, was genau man denn nun braucht. Es empfiehlt sich an dieser Stelle wie immer, die Situation zu beobachten und nicht zu bewerten. Frau Schmidt schafft das noch nicht – es ist ja auch wirklich schwierig:

Beobachtung und Bewertung

„Herr Meyer ging nach unserem gestrigen Gespräch wortlos in der Kantine an mir vorbei. Er ist wohl doch noch wütend und das Lösungsgespräch war erfolglos."

Die Beobachtung: Herr Meyer ist wortlos an Frau Schmidt vorbeigegangen. Die Bewertung: Das Gespräch war erfolglos.

> **!** Es bedarf einiger Erfahrung und Konzentration, sich bewusst zu werden, dass nicht der Gesprächspartner etwas falsch macht, sondern man selbst dafür sorgt, dass die Spirale kein Ende nimmt.

Die Bewertungsfalle

Der schreckliche Kollege

„Noch nie hatte ich einen Kollegen wie Herrn Strauber. Er ist dumm, ignorant, spielt sich auf und glaubt, die Weisheit mit Löffeln gefressen zu haben."

Bewertungen sind schnell zur Hand, einfach und bequem und ganz wunderbare Helfer, unserem eigenen Frust einen

Weg nach draußen zu bahnen. Andere Menschen sind dumm, unfähig, sozial inkompetent, haben keine Ahnung oder sind schlicht nur Besserwisser.

Das Einordnen in Schubladen gibt uns Sicherheit und damit geht es direkt hinein in die Konfliktspirale auf dem Weg nach unten. Verurteilung und Kritik an anderen Menschen fallen uns meistens leicht.

Der Bewertungsfalle entkommt man, wenn man

▸ sich ihrer bewusst wird,

▸ sich darüber klar ist, dass so kein Dialog möglich ist und

▸ gewillt ist, Beobachtung von Bewertung zu trennen.

Einige Beispiele, an denen Sie sehen, wie groß der Unterschied zwischen getrennter Beobachtung und Bewertung ist.

Bewertung	Beobachtung
Herr Müller ist ein schlechter Mitarbeiter.	Herr Müller hat in den letzten drei Wochen seine Umsatzzahlen nicht erreicht.
„Frau Schmidt, Sie arbeiten nicht zuverlässig."	„Frau Schmidt, in den letzten sechs Tagen ist mir aufgefallen, dass die Präsentationen nicht zum vereinbarten Zeitpunkt fertig waren."

Bewertung	Beobachtung
Herr Meyer ist faul.	Herr Meyer kommt seit vier Wochen jeden Tag 20 Minuten zu spät und verlässt bereits um 16.30 Uhr statt um 17.00 Uhr das Büro.

Jede Bewertung ist in diesen Situationen eine Ohrfeige an unser Gegenüber, das sich im Konfliktgespräch sehr sicher rechtfertigen würde bzw. mit gleichen Waffen den Kampf führen wird. Genaue Beobachtungen hingegen sind Tatsachen, die Grundlage für eine Diskussion bilden.

Eine weitere, in Konfliktsituationen besonders spannende Frage ist, wie man mit Bewertungen anderer umgeht. Wenn Ihr Vorgesetzter zu Ihnen sagt „Sie sind faul!", werden Sie vermutlich nach einer Schrecksekunde anfangen, sich zu rechtfertigen, oder nach Entschuldigungen suchen oder aber sich lieber Ihren Teil denken und die Wut für sich behalten – womit der Konflikt noch einen Grund erhält, weiter anzuwachsen.

Wenn Sie eine Bewertung gehört haben, können Sie damit aber auch so umgehen: „Herr Müller, welche Beobachtungen haben Sie konkret gemacht, dass Sie der Meinung sind, ich sei faul?" Andere Möglichkeit: „Herr Müller, verstehe ich es richtig, dass Sie mit unserem Projekt unzufrieden sind und deshalb vermuten, dass wir zu wenig arbeiten?"

> Versuchen Sie, mithilfe von Fragen herauszubekommen, worum es Ihrem Gesprächspartner wirklich geht und welche Beobachtung hinter der Bewertung steht.

Wenn Sie anfangen, Bewertungen zu hinterfragen, probieren Sie das doch auch einmal mit den positiven Sätzen! Wenn Ihr Chef sagt: „Das haben Sie ausgezeichnet gemacht!" können Sie durchaus rückfragen: „Was genau gefällt Ihnen?". Ein Vorgesetzter, der mit den Worten „Tolle Präsentation, Frau Lum!" lobt, darf sich fragen lassen, was an ihr besonders gut war. Man lernt Menschen auf diesem Weg sehr gut kennen und kleine Missverständnisse können so sehr schnell geklärt werden.

Viel mehr aber noch: Sie werden vermutlich schnell feststellen, dass viele Menschen bei einer Antwort auf die Frage zögern. Ein Lob ist schnell ausgesprochen, eine pauschale Abwertung leider ebenso. Oft machen sich Menschen nicht klar, was sie wirklich ausdrücken und sagen wollen, verfallen in eigene Denkmuster, sind gefangen in ihrem Verhalten. Hinterfragt man diese Aussagen, haben Menschen die Möglichkeit sich ihrer eigenen Aussagen bewusst zu werden und nicht selten erhält man als Antwort ein „Ach, so habe ich das gar nicht gemeint" oder ein „Nein, ich bin nicht unzufrieden mit Ihrer Arbeit, ich ärgere mich gerade nur über etwas, was aber eigentlich nichts mit Ihnen zu tun hat".

Verständnis in Streitsituationen

Wer auf Vorwürfe oder Bewertungen demnächst anders als bisher reagieren möchte, hat ein Stück Arbeit vor sich: Angefeindet zu werden, sich in die Ecke gedrängt zu fühlen, der Meinung zu sein, nicht ernst genommen zu werden und dann noch mit Verständnis reagieren, scheint fast ausgeschlossen zu sein. Ist es aber nicht.

> Verständnis hat auch etwas mit Gelassenheit zu tun, mit der Einsicht, dass alle Fehler machen.

Allerdings: Dem Lieblingskollegen verzeiht man Fehler viel schneller mit den Worten „Ach, ist doch nicht so schlimm!", während der verhasste Kollege aus der Personalabteilung lange für einen Fehler büßen muss – und außerdem nur die eigene Meinung bestätigt, er sei fehl an seinem Arbeitsplatz. Verständnis fängt bei jedem selbst an: Je entspannter man mit sich selbst umgeht, desto leichter gelingt dies auch bei Menschen, die nicht die besten Freunde sind.

Besonders hier zeigt sich aber auch, wie ungemein wichtig es ist, dass Streitsituationen so früh wie möglich geklärt werden. Denn je kleiner der Konflikt, desto leichter fällt es Menschen, auf andere zuzugehen – und selbst eine bewertende Äußerung kann anders gehört werden. Hören Sie in den nächsten Tagen genau hin, wenn Kollegen miteinander sprechen und sich eine Bewertung an die nächste reiht: Kollege A ist ignorant, Chef B ein Tyrann, Kollegin C hat keine Ahnung. Wenn Ihnen das noch nicht reicht, nehmen Sie diese Aufgabe mit in Ihr Privatleben. Ich wünsche Ihnen tolle Erkenntnisse beim Hinterfragen!

Gibt es immer ein Happy End?

Filme und Bücher leben von Konflikten: Die Protagonisten geraten in schwierige Situationen, sind unglücklich verliebt oder in einer zunächst nicht zu lösendem Situation. Wie auch immer die letzte Szene aussieht, es gibt ein Ende, ob dies nun glücklich ist und Zuschauern und Lesern gefällt, ist eine andere Frage.

Und so ist es auch in den täglichen Konfliktsituationen im Arbeitsleben: Man wünscht sich vielleicht A, bekommt aber B. Es gibt im besten Fall ein Ende, das nicht vor Gericht stattfindet oder in eine Krankheit führt. Alle Regeln wurden berücksichtigt, neue Glaubenssätze erarbeitet und die Einstellung zum Thema Konflikte hat sich deutlich verbessert. Und dennoch läuft nicht immer alles so, wie man es sich wünscht.

Das ist eben der Unterschied zum Film: Das Drehbuch schreibt man nur zur Hälfte selbst, der Konfliktpartner übernimmt die andere. Gleichzeitig muss man sich in Szene setzen und alle Akteure im Blick haben, eine Aufgabe, die größer und komplizierter oft nicht sein kann und bei der es auf der Hand liegt, dass nicht immer alles nach Plan läuft. Doch mit jedem neuen Konflikt lernt man wieder etwas Neues, die Erfolgserlebnisse nehmen zu, die Angst wird weniger, der Umgang mit ihr leichter und die eigene Sprache sowie das Handeln werden klarer.

Mag sein, dass das kurzfristig nicht immer reicht, doch Konflikte sind Situationen, die man mit dem eigenen Verhalten sehr sicher positiv beeinflussen, aber nicht in Gänze kontrollieren kann. Zu unterschiedlich sind manchmal die Ziele, die Einstellungen oder Arbeitsweisen. Wer in schwierigen Situationen aber aufrichtig ist und sich klar äußert, wird diese Fähigkeit auch nutzen können, wenn das Ergebnis zunächst ein anderes ist als erhofft. Hoffentlich sind Sie der Meinung: Ja, das ist ein gutes Ende!

Für alle anderen eine kleine Anregung: Wenn der Konflikt, warum auch immer, gerade nicht zu klären ist, welche Ihrer Bedürfnisse werden damit momentan nicht befriedigt? Was ist es, dass Sie damit nicht gut leben können, dass Sie mit einem Kollegen zusammenarbeiten, den Sie oder der Sie nicht mag? Ist es wirklich nur die Tatsache, dass es mehr Spaß machen würde, wenn man sich richtig versteht? Oder geht es um fehlende Anerkennung, zu wenig Aufmerksamkeit, den Verlust eines guten Miteinanders im Büroalltag? Fühlen Sie sich von dem nicht gelösten Konflikt vielleicht „in die Enge gedrängt", müssen gar langfristig eine Entscheidung treffen, die Sie lieber aufschieben möchten? Wollen Sie einen Kampf gewinnen oder fühlen sich als Verlierer? Es gibt Konflikte, die sind nicht zu klären, trotz allen Verständnisses, aller Ruhe, jeder ausgeschöpften Möglichkeit verschiedener Dialogformen. Das Erkennen und akzeptieren dieser Tatsache kann zunächst unangenehm sein, langfristig jedoch gibt es Beziehungen, die erst dann gut sind, wenn man unterschiedliche Wege geht.

Auf den Punkt gebracht

So sehr man sich bemüht und anstrengt – nicht immer gibt es ein glückliches Ende, aber man kann selbst sehr viel dazu beitragen, den Konflikt positiv zu beeinflussen. Das bedeutet nicht, dass er komplett kontrolliert werden kann.

Beobachten, nicht bewerten. So helfen Sie nicht nur sich, eine Lösung zu finden.

Wenn ein Konflikt gar nicht zu lösen ist und Sie mit dieser Tatsache schlecht umgehen können, überlegen Sie, was Sie selbst für sich tun können. Akzeptieren Sie die Tatsache, dass es keine Lösung gibt und suchen für sich nach Alternativen. Es gibt sie fast immer, selbst wenn man sie nicht auf den ersten Blick sieht oder sehen will, sich nicht damit abfinden möchte, vielleicht erneut mit Emotionen konfrontiert wird, die man gar nicht haben möchte. Auf Seite 64/65 konnten Sie bereits einiges zu diesem Thema lesen, hier kommt es erneut auf und folgende Fragen könnten beantwortet werden:

– Welches Gefühl habe ich, wenn ein Konflikt nicht geklärt werden kann?
– Welche Angst steht dahinter?
– Wie kann ich zukünftig mit dieser Angst besser umgehen, wer kann mir helfen, wo bekomme ich Unterstützung?

Konfliktsituationen aus dem Berufsleben – und die Lösungsansätze

Auf den folgenden Seiten werden Sie exemplarische Situationen kennenlernen, die so oder ähnlich ständig passieren. Vielleicht wird Ihnen Folgendes durch den Sinn gehen: „Das sind doch lächerliche Situationen, bei mir ist es viel schlimmer, was soll ich nur tun?" Sollte dies so sein, hier die letzte Übung, mit der Sie versuchen können, einen Lösungsansatz für Ihre Situation zu finden:

Übung: Beobachten Sie wie eine Videokamera

Denken Sie sich eine Videokamera in Ihrem Arbeitsraum und schauen Sie sich am Abend den Film an. Schreiben Sie beobachtend auf, was die Menschen dort tun, wie sie sich verhalten. Versuchen Sie die Situation so neutral und objektiv wie nur möglich zu beschreiben. Legen Sie den Zettel für eine Stunde zur Seite, nehmen Sie ihn wieder zur Hand und lesen Sie ihn erneut.

– Welcher Lösungsansatz fällt Ihnen ein?

– Wer sollte was tun?

– Wer sollte mit wem ein Gespräch führen?

– Welche Möglichkeiten sehen Sie nun, den Konflikt zu klären?

Das Zauberwort ist hier „Abstand" – den man manchmal braucht, um eine Situation klarer zu sehen oder besonnener zu reagieren.

Zickenkrieg – Streit mit der Kollegin

Konkurrenzkampf im Büro

Seit Frau Maurer vor sechs Monaten in das Unternehmen kam, ist sie gleichberechtigte Kollegin von Frau Rüther. Beide Frauen sprechen nur das Nötigste miteinander, obwohl sie im selben Raum sitzen. Herrn Meyer, Vorgesetzter der beiden Frauen, fällt das Verhalten auf und er spricht beide getrennt voneinander auf die Situation an:

Frau Rüther: „Frau Maurer ist nicht zur Teamarbeit fähig. Es finden keine Absprachen statt, sie ist nicht besonders fleißig, ständig mache ich Überstunden, weil sie ihren Aufgaben nicht nachkommt. Ich weiß nicht, warum Sie diese Frau eingestellt haben, mir gegenüber verhält sie sich indiskutabel und zickig."

Frau Maurer: „Anfangs war Frau Rüther sehr freundlich zu mir, arbeitete mich ein und half mir bei offenen Fragen. Als ich anfing, Verbesserungsvorschläge zu machen, wurde sie zunehmend unfreundlicher. Sie ist schnell beleidigt und fühlt sich angegriffen. Ich habe sie gefragt, ob sie ein Problem mit mir hat, sie meinte, man müsse ja nicht befreundet sein, um miteinander zu arbeiten."

Lösungsansatz

Beide Frauen stimmen einem Gespräch ohne Vorgesetzten zu. Sie treffen die Absprache, sich ausreden zu lassen, zuzuhören und gemeinsam nach einer Lösung zu suchen. Beide sind sich nicht klar darüber, warum die Stimmung schlecht ist, machen der jeweils anderen Vorwürfe, fühlen sich selbst unschuldig und können nicht verstehen, warum die andere das nicht nachvollziehen kann und für schlechte Stimmung sorgt. Sie entschließen sich, eine Woche ein Protokoll zu führen, in dem sie die Situation schriftlich festhalten, die sie als unangemessen erachten. Nach sieben Tagen treffen sich erneut und lesen sich gegenseitig vor:

Protokoll eines Arbeitstages

Frau Rüther: Dienstag, 08.45 Uhr, wieder kommt Frau Maurer 15 Minuten zu spät.

Frau Maurer: Dienstag, ich betrete das Büro und Frau Maurer würdigt mich trotz meines Grußes keines Blickes.

Frau Rüther: Mittwoch, 11.20 Uhr, Frau Maurer verhält sich zickig, als ich sie bitte, die Unterlagen von Herrn Meyer aus dem benachbarten Büro zu holen.

Frau Maurer: Mittwoch, wieder Botengänge für Frau Rüther gemacht, kann sie nicht selber gehen, bin ich ihre Handlangerin?

In einem anschließenden Gespräch stellt sich heraus, dass Frau Maurer mit ihrem Vorgesetzten bei der Einstellung vereinbarte, dass sie zwischen 08.30 Uhr und 08.45 Uhr im Büro erscheint, wovon Frau Rüther nichts wusste. Frau Rüther hingegen erzählt ihrer Kollegin, dass sie ein Hüftproblem hat und ihr die zwei Stockwerke ins Büro des Vorgesetzten Probleme bereiten.

Sie sehen: Die meisten Konflikte entstehen aus Missverständnissen, Interpretationen und Bewertungen heraus. Aus dieser Falle befreit man sich, wenn man beobachtet, ohne zu werten. „Über seinen Schatten springen" und die Kollegin ansprechen kann sehr helfen, die Situation zu klären, wenn man damit nicht Jahre wartet.

Büroterror – der Chef ist ein Tyrann

Überforderter Abteilungsleiter?

Vier neue Mitarbeiter in fünf Monaten, zwei Entlassungen in den vergangenen fünf Wochen und der Schwangerschaftsurlaub einer Kollegin bringen Unordnung in die sonst sehr organisierte Abteilung. Das Team ist verunsichert, denn schon seit geraumer Zeit kursieren Gerüchte über weitere Veränderungen, die vielen Mitarbeitern Angst macht.

Und nun verhält sich auch Herr Meyer, der Abteilungsleiter wie von der Tarantel gestochen. Knappe Ansagen, keine Zeit für Gespräche, nichts macht man ihm recht und keiner weiß, woran er ist.

Das Team tauscht sich in den Pausen und nach der Arbeitszeit untereinander aus und man ist sich einig, dass Herr Meyer überfordert ist. Die Stimmung ist angespannt, die Gerüchteküche brodelt und der Spaß an der Arbeit ist längst nicht mehr vorhanden.

Lösungsansatz

Auch eine Führungskraft ist ein Mensch, doch Ängste (zum Beispiel vor Verlust des Arbeitsplatzes) der Mitarbeiter sorgen dafür, dass mit einem Vorgesetzten nicht gerne gestritten wird. Schade, auch für die Führungskraft, der dadurch wunderbare Möglichkeiten entgehen, das Team oder die Abteilung eine positive Entwicklung durchleben zu lassen. Im besten Fall ist ein Chef dankbar, wenn man ihm Rückmeldung über sein Verhalten gibt. Dies sollte, wie auch bei Kollegen, nicht vor versammelter Mannschaft stattfinden, sondern in einem Gespräch unter vier Augen. Und selbstverständlich gelten alle Regeln wie sonst auch: Ruhe, Zeit und nicht zu viele Punkte ansprechen.

Sagen Sie Ihrem Chef, was konkret Sie beobachtet haben. Wenn Sie mögen, senden Sie klare Signale, dass er mit der Unterstützung des Teams rechnen kann, denn jetzt wissen Sie, dass hinter einem „Tyrannen" manchmal nur ein Mensch steht, der nicht den richtigen Weg findet, mit seinen eigenen Sorgen und/oder Gefühlen umzugehen. Denken Sie daran, dass Interpretationen oft auf eine falsche Fährte führen, die nichts mit der Realität zu tun haben muss. Sorgen Sie vor dem Gespräch für sich, indem Sie beantworten, ob und wenn ja, warum Sie Angst haben, sich mit dem Vorgesetzten zu streiten. Sollte der Konflikt nicht zu lösen sein und arbeiten Sie in einem größeren Unternehmen, können Sie sich an die interne Schlichtungsstelle oder den Chef des Chefs wenden. Dies aber bitte nur, wenn Sie vorher mit einer klaren Aussage das Gespräch gesucht haben.

Stress mit dem faulen Kollegen

Wenn man auch immer allen auf die Zehen treten muss ...

Frau Reuter arbeitet seit acht Jahren im Unternehmen Steinbrecher und gilt als freundliche und zuverlässige Mitarbeiterin. Als Assistentin der Geschäftsführung ist es unter anderem ihre Aufgabe, Präsentationen für das donnerstags stattfindende Meeting der Teamleiter vorzuberei-

ten. Dazu ist sie auf deren Informationen zu bestimmten Punkten angewiesen.

Jeden Mittwoch muss sie den Teamleitern hinterherlaufen, sie anrufen und immer wieder um die gewünschten Inhalte betteln. Mehrfach hat sie in den letzten Monaten die Führungskräfte gebeten, sich an die Absprachen zu erinnern und sie einzuhalten, aber ihrer Bitte kommt keiner unaufgefordert nach.

Während des Meetings platzt ihr daher der Kragen: „Mir geht es gehörig auf die Nerven, dass Sie mir die Informationen nicht rechtzeitig zukommen lassen, ich muss jeden Mittwoch Überstunden machen. Ich weiß nicht, wie Sie Ihre Freizeit verbringen, aber ich habe Besseres zu tun, als hier bis in den späten Abend zu sitzen, nur weil ich Ihnen völlig egal bin."

Die Teamleiter rechtfertigen sich: Jeder von ihnen sei momentan in einer Ausnahmesituation. Da das Unternehmen expandiere, könne es schon mal passieren, dass man Dinge vergisst. Dies sei keine Absicht, aber man könne doch wohl Verständnis erwarten. Außerdem sei dies nun wirklich keine Arbeit, die so viel Zeit in Anspruch nimmt, dass man dafür Überstunden machen müsse. Frau Reuter solle doch mal darüber nachdenken, ob sie das nicht besser machen könne.

Lösungsansatz

In vielen Unternehmen sind die Menschen überlastet und oft wird nicht nur aus einer Mücke ein Elefant gemacht, der dann durch den gesamten Porzellanladen stampft, nein, es werden auch Absprachen nicht eingehalten, Vorwürfe gemacht, sich gerechtfertigt und am Ende hält sich wieder keiner an die erneut getroffenen Vereinbarungen. Der Kreislauf kann nur durchbrochen werden, wenn

▸ jeder vor der eigenen Türe kehrt und seinen Teil der Abmachungen einhält,

▸ Vorwürfe umformuliert werden – teilen Sie die „wahre" Botschaft mit –,

▸ der Respekt voreinander nicht nur ein Lippenbekenntnis ist.

Konkret kann dies hier Beispiel so aussehen, dass Frau Reuter sich erneut mit den Teamleitern zusammensetzt. Allerdings muss sie vorher erst einmal etwas zur Ruhe kommen. Vielleicht braucht sie auch einen Kanal, auf dem sie ihrer Wut ordentlich Luft machen kann. Als Grundeinstellung für das anstehende Gespräch würde vermutlich ein „Ich will das klären, weil es mir wichtig ist" vollkommen ausreichen.

Um klar zu signalisieren, wie wichtig ihr dieses Anliegen ist, kann sie durchaus am Ende die Grenze signalisieren und sagen, was sie tun wird, wenn die Abmachung erneut nicht eingehalten wird. Beachten sollte sie, dass sie dies nicht als Erpressungsversuch darstellt, sondern lediglich als eine Maßnahme.

Beobachtung: „Sie haben mir in den vergangenen drei Monaten die Informationen nicht pünktlich zukommen lassen, die ich mittwochs für die Donnerstagsbesprechung benötige. Da mir wichtig ist, dass ich meine Aufgaben hier sehr gut erfülle und gegenüber meinen Vorgesetzten alle Termine einhalte, möchte ich nun mit Ihnen eine Absprache treffen, wie wir das Ganze besser organisieren können."

Beachten Sie: Ein „Wir" drückt auch hier wieder Gemeinsamkeit aus, „wir" ist immer wieder sehr verbindend. Wichtig auch, dass Frau Reuter möglichst an dieser Stelle nicht in die „nie" und „immer" Falle tritt, wie z. B. „Nie haben Sie es geschafft." Das wäre zwar inhaltlich richtig, würde aber auf der Seite der Teamleiter nur für Widerstand sorgen.

Der Dialog sollte mit einer offenen Frage eröffnet werden: „Wie sehen Sie das?" Der Teamleiter fühlt sich so zum Gespräch eingeladen und kann seine Sicht der Situation erklären.)

> **!** Verständnis hat auch etwas mit Gelassenheit zu tun. Sollten die Teamleiter erzählen, wie viel Arbeit sie haben etc., wäre es prima, wenn Frau Reuter zuhört. Da es aber keine andere Lösung gibt, als dass die Informationen von A nach B geschickt werden, darf sie diese Ausrede nicht gelten lassen.

Eigenes Interesse: „Daher erneut meine Bitte, mir die Informationen zu senden, sodass ich für uns die Unterlagen gut vorbereiten kann. Mein Vorschlag ist daher, dass ich Informationen von Ihnen bis spätestens mittwochs 13.00 Uhr erhalte. Was halten Sie davon?"

Frau Reuter sollte die Teamleiter erzählen lassen, was sie darüber denken, vielleicht auch aufmerksam sein, ob es noch alternative Lösungen gibt.

„Sollte ich die Unterlagen nicht bis 13.00 Uhr erhalten, kann ich sie leider nicht mehr in die Präsentation aufnehmen."

Bitte beachten Sie: Eine Maßnahme ist keine Erpressung. Voraussetzung ist daher, dass Frau Reuter den letzten Punkt im Fall der Fälle auch wirklich umsetzt, und nicht nur etwas sagt, weil sie eine Klärung möchte, die in Wirklichkeit keine ist. Wenn Frau Reuter möchte, kann sie die Vereinbarung noch einmal schriftlich festhalten und per E-Mail versenden.

Auf den Punkt gebracht

– Beobachtungen – ohne Bewertungen – rechtzeitig ausgesprochen und geklärt, verhindern die Eskalation von Missverständnissen.

– Vermeiden Sie Vorwürfe. „Sie haben das falsch gemacht" kann nicht zu einem Dialog führen, sondern lediglich in eine Rechtfertigung des Gegenübers.

– Wenn Absprachen in der Vergangenheit nicht eingehalten wurden und Sie Grenzen setzen wollen, ohne dass dies eine Erpressung ist, dann formulieren Sie diese klar und deutlich, mit dem dahinter liegenden Interesse. Achten Sie jedoch darauf, dass Sie die eigene Regel auch einhalten, sonst sind diese Aussagen in Zukunft nicht mehr glaubwürdig.

– Bei Gesprächen mit Vorgesetzten gelten die gleichen Regeln wie mit Kollegen. Machen Sie sich vorher klar, was Sie erreichen wollen, was Ihr Anliegen ist. Der Chef des Chefs oder interne Schlichtungsstellen erst in Anspruch nehmen, wenn das direkte Gespräch gesucht wurde und es keine Möglichkeiten des direkten Dialoges gibt.

Zehn Tipps für eine gute Konfliktlösung

Das Wichtigste vorweg: Alle Personen müssen an der Klärung eines Konflikts Interesse haben und sich freiwillig und aktiv an der Gestaltung beteiligen.

▸ Definieren Sie zunächst das Problem – nur auf dieser Basis kann gemeinsam nach Lösungen gesucht werden.

▸ Jeder darf seinen Standpunkt in Ruhe darstellen, ohne dass er unterbrochen wird. Am Ende sind Rückfragen ohne Vorwürfe nicht nur gestattet, sondern sogar erwünscht. Wenn möglich, schalten Sie hier eine neutrale Person (z. B. einen Kollegen aus einer anderen Abteilung) ein, der nur für die Einhaltung dieser Regel zuständig ist.

▸ Erörtern Sie Gemeinsamkeiten – klären Sie das gemeinsame Ziel und fixieren Sie, in welchen Punkten Sie sich bereits einig sind: Was ist Ihnen wichtig, was wollen Sie am Ende erreicht haben? Woran merken Sie, dass der Konflikt gelöst ist? Diese Fragen können Sie per Liste vorab an die teilnehmenden Personen versenden, damit diese die Möglichkeit haben, sich im Vorfeld Gedanken zu diesen Punkten zu machen.

▸ Bleiben Sie fair: Drohungen, Beschimpfungen und Vorwürfe gehören nicht in ein Klärungsgespräch. Denken Sie daran, dass unfaire Mittel oft schnell genutzt werden, wenn man sich übergangen oder nicht fair behandelt fühlt. Beobachten Sie sich genau und kommunizieren Sie, wenn Sie so etwas merken, damit Ihr Gesprächspartner die Möglichkeit hat, die Situationen richtigzustellen.

▸ **Es geht nicht immer ohne Kompromisse:** Es ist wichtig, dass die Konfliktpartner zu der gefundenen Lösung stehen und sie am Ende auch mittragen. Ein „Habe ich doch damals schon gesagt, dass das nicht klappen wird" zeugt nicht davon, dass Verantwortung übernommen wurde. Wichtig ist auch, dass Kompromisse ehrlich geschlossen werden und kein Kuhhandel betrieben wird. Ein „Ich gebe Ihnen A, damit Sie mir B geben" funktioniert selten. Überlegen Sie sich vor dem Gespräch, an welchen Punkten Sie bereit sind, Eingeständnisse zu machen, damit Sie am Ende keine böse Überraschung erleben.

▸ **Lassen Sie eine entspannte Atmosphäre entstehen** – nur so können Kompromisse gefunden werden. Sorgen Sie also zunächst für sich selbst und legen Sie Wert darauf, dass die Stimmung bei Ihrem Gegenüber möglichst ebenso entspannt ist. Je früher in einem Konflikt ein Gespräch in angenehmer Stimmung stattfindet, desto leichter ist das Problem zu lösen.

▸ **Zeigen Sie immer wieder Verständnis für die Situation Ihres Gegenübers.** Auch hier gilt, dass nur gesagt werden sollte, was auch so gemeint ist.

▸ **Sammeln Sie alle Lösungen** (zum Beispiel in einem Brainstorming), so kurios diese auch klingen mögen. Am Ende entscheiden Sie gemeinsam, welchen Weg Sie gehen. Sie können zum Beispiel nach der SMART-Regel den Ablauf bestimmen.

▶ **Auch möglich: Schließen Sie Ihren Kompromiss bis zu einem bestimmtem Zeitpunkt,** an dem Sie sich erneut mit Ihrem Gesprächspartner treffen und darüber sprechen, ob dieser Kompromiss weiter gelebt werden kann.

▶ **Und noch einmal: Achten Sie auf sich!** Selbstfürsorge in Konfliktsituationen ist das A und O – so unbequem dies auch zunächst sein mag. Folgende Fragen können hilfreich sein: Was wollen Sie? Was brauchen Sie? Wo ist das Problem? Ist das Problem wirklich das Problem? Was erwarten Sie von Ihrem Gegenüber? Woran merken Sie, dass der Konflikt gelöst ist?

Liest sich leicht, klappt aber leider nicht immer

Tipps lesen sich oft leicht, sie umzusetzen ist die Schwierigkeit und gleichzeitig die große Herausforderung, das Risiko des Misserfolges einzugehen. Sie haben sich dieses Buch gekauft, weil Sie Interesse haben, etwas zu verändern, damit ist der Anfang gemacht, doch nicht immer läuft die Situation nach Plan, ist der Dialog wie erhofft oder der Gesprächspartner bereit, den Konflikt zu klären. Das ist so, das wird weder dieses Buch noch alles Bemühen ändern. Am Ende dieses Buches steht somit wieder der Anfang vor der Tür, zum Beispiel folgende Fragen:

▶ Wie definieren Sie einen Konflikt?

▶ Was brauchen Sie in dieser Situation?

▶ Wann ist der Konflikt für Sie geklärt?

▶ Was hält Sie davon ab zu streiten?

Es ist ein nicht enden wollendes Spiel, denn die Konflikte sind stets andere, die Menschen verändern sich und Sie selbst machen dabei keine Ausnahme. Tipps zu lesen ist die eine Sache, sie umzusetzen und wirklich langfristig „am Ball" zu bleiben ist die andere. Hier einige Anregungen:

▸ Fangen Sie an! Zögern Sie nicht lange, die Theorie kennen Sie jetzt, nun wird es Zeit Erfahrungen zu sammeln.

▸ Starten Sie mit kleinen Konfliktsituationen bzw. mit Menschen, die nicht ganz so wichtig für Ihr (Berufs-)Leben sind. Sammeln Sie hier Ihre ersten Erfahrungen, wenn es noch etwas holperig sein sollte, wäre es nicht ganz so schlimm, wenn sie nicht von Erfolg gekrönt sind.

▸ Führen Sie Tagebuch! Kaufen Sie sich ein kleines Buch und notieren Ihre Erlebnisse. Ist am Anfang mühsam, macht aber großen Spaß, die eigenen Fortschritte zu sehen- und mit etwas Abstand lernen Sie beim Nachlesen noch aus vergangenen Situationen.

▸ Machen Sie weiter und bleiben Sie dran. Kaum angefangen, schon die ersten kleinen Erfolge erzielt, schon hört man wieder auf, das gilt nicht nur für die neue Sportart, sondern auch für das Verändern des Kommunikationsverhaltens. Bleiben Sie also am Ball, das Lernen auf diesem Gebiet hört eh nie auf.

▸ Suchen Sie sich einen Weggefährten, z.B. eine Freundin oder einen Netzwerkpartner, mit dem Sie sich gemeinsam austauschen können und sich gemeinsam dem Thema Konflikte nähern. Der Austausch ist hilfreich, motivierend und zusätzlich erhalten Sie einen anderen Blick.

▸ Zurück zu Nummer 1: Fangen Sie an!

Die Autorin

Kirstin Nickelsen unterstützt als Wirtschaftsmediatorin und Trainerin Unternehmen und Personen in Konflikt- und Streitsituationen.

Impressum:

Verlag C. H. Beck im Internet: www.beck.de

ISBN: 978-3-406-64080-3

© 2012 Verlag C. H. Beck oHG

Wilhelmstraße 9, 80801 München

Lektorat und DTP: Text+Design Jutta Cram, 86157 Augsburg, www.textplusdesign.de

Satz: Datagroup int. SRL, 300665 Timişoara, Românïa

Umschlaggestaltung: Bureau Parapluie, 85253 Großberghofen

Umschlagbild: © Laurent Nicod – istockphoto.com

Druck und Bindung: Beltz Bad Langensalza GmbH, Neustädter Str. 1-4, 99947 Bad Langensalza